国家自然科学基金项目(51879268)　　河南省科技攻关项目(212102110237)
河南省自然基金项目(212300410309)　河南省科技攻关项目(212102110233)
国家自然科学基金项目(50809074)　　国家"十二五"863 计划课题(2012AA101404)

重金属铅污染土壤的植物修复机理研究

乔冬梅　赵宇龙　白芳芳　李白玉　著

黄河水利出版社
·郑　州·

内 容 提 要

本书介绍了重金属铅污染土壤的植物修复理论与技术研究的有关成果。主要包括不同 pH 值对土壤重金属铅吸附-解吸特性的影响研究、不同有机酸作用下土壤重金属铅吸附-解吸特性研究、不同 pH 值对土壤重金属铅形态影响研究、基于水培试验的重金属铅修复机理研究、水培条件外源有机酸诱导的黑麦草修复响应特征、基于土培试验的不同浓度铅污染植物修复机理、土培条件外源有机酸诱导的黑麦草修复响应特征等研究成果。本书以土壤重金属铅为研究对象，系统研究重金属铅在土壤中的吸附-解吸特性、存在形态及生物有效性，采用水培和土培相结合的研究方式，探究重金属铅污染的植物修复机理，通过有机酸的外源诱导，探索重金属铅污染植物修复技术的强化和响应机理，构建重金属铅污染的植物修复技术模式，为我国粮食安全和农业绿色可持续发展奠定重要的研究基础和提供理论参考。

本书可供农业、环境、生态、土壤等领域的技术人员及相关专业学生阅读参考。

图书在版编目（CIP）数据

重金属铅污染土壤的植物修复机理研究/乔冬梅等著 . —郑州：
黄河水利出版社,2021. 12
ISBN 978-7-5509-3190-9

Ⅰ.①重…　Ⅱ.①乔…　Ⅲ.①铅污染-污染土壤-修复-研究
Ⅳ.①X53

中国版本图书馆 CIP 数据核字（2021）第267967号

审稿编辑:席红兵　13592608739

出 版 社:黄河水利出版社　　　　　　　　　　　　　网址:www. yrcp.com
　　　　地址:河南省郑州市顺河路黄委会综合楼14层　　　邮政编码:450003
发行单位:黄河水利出版社
　　　　发行部电话:0371-66026940、66020550、66028024、66022620(传真)
　　　　E-mail:hhslcbs@ 163. com
承印单位:河南新华印刷集团有限公司
开本:787 mm×1 092 mm　1/16
印张:7
字数:162 千字　　　　　　　　　　　　　　　　　印数:1—1 000
版次:2021 年 12 月第 1 版　　　　　　　　　　　　印次:2021 年 12 月第 1 次印刷

定价:58.00 元

前　言

　　20 世纪以来,工业的迅速发展带来的环境污染日趋严重,其中重金属污染土壤的修复是目前国际上的难点和热点。土壤重金属污染导致土壤肥力下降、作物产量和品质降低、水环境恶化,最终通过食物链进入人体和生物体内,严重威胁人类的生命健康。土壤重金属污染具有隐蔽性、潜伏性和长期性的特点,通过食物链层层传导,动物和人类的健康深受土壤污染的影响,且这一过程十分隐蔽,不易被察觉。土壤污染同时具有累积性的特点,污染物在土壤中不易迁移、扩散、稀释,甚至土壤污染具有不可逆性。

　　在污染土壤的治理和修复技术方面,呈现出路径多元化的特点。目前常用的土壤污染治理方法有淋滤法、客土法、吸附固定法等物理方法,以及生物还原法、络合物浸提法等化学方法。物理方法见效缓慢,化学方法虽快,但易带来二次污染。植物修复技术是一种可靠的、绿色的、环境友好型修复技术,不仅技术成本低、对环境扰动少、无副作用,而且有较高的美化环境价值,有利于生态环境改善和野生生物的繁衍,目前被世界各国政府、科技界、学术界所关注。土壤中重金属的生物有效性低是制约植物修复技术的瓶颈之一,外源有机物能影响重金属的生物有效性,可诱导植物修复效果,外源强化植物修复是土壤重金属污染治理的一项重要技术。

　　本书系统介绍重金属铅在土壤中的吸附-解吸特性、存在形态及生物有效性,探究重金属铅污染的植物修复机理,通过有机酸的外源诱导,探索重金属铅污染植物修复技术的强化和响应机理,构建重金属铅污染的植物修复技术模式,为我国粮食安全和农业绿色可持续发展奠定重要的研究基础和提供理论参考。

　　本书内容系统,结构完整,将有益于土壤学、环境科学、生态学等研究领域的广大科技工作者及研究生及时了解国内外前沿和相关研究工作,为我国土壤环境科学及土壤污染修复技术的发展提供参考。本书中所进行的研究工作是在国家自然科学基金项目“植物修复重金属污染的水分调控机理”(51879268)、河南省科技攻关项目“有机酸滴灌提高土壤 Cd 迁移和转化的机制研究”(212102110237)、河南省自然基金项目“再生水灌溉下微生物菌对土壤微环境和作物生理的影响机理研究”(212300410309)、河南省科技攻关项目(212102110233)、国家自然科学基金项目“根系分泌物对植物重金属污染土壤作用机理研究”(50809074)、国家“十二五”863 计划课题“污灌农田及退化土壤修复关键技术”(2012AA101404)的大力资助下完成的。

　　本书由乔冬梅、赵宇龙、白芳芳、李白玉统稿,主要著者分工如下:第 1 章由乔冬梅、赵宇龙撰写,第 2 章由乔冬梅、白芳芳撰写,第 3 章由乔冬梅、韩洋撰写,第 4 章由乔冬梅、王亚丹撰写,第 5 章由赵宇龙、李白玉撰写,第 6 章由乔冬梅、陆红飞撰写,第 7 章由赵宇龙、乔冬梅撰写,第 8 章由白芳芳、庞颖撰写,第 9 章由乔冬梅撰写。

由于著者水平和研究时间有限,本书所呈现的成果仅仅是重金属铅污染的植物修复试验研究结果,未涵盖污染土壤修复的所有土壤类型、污染物种类及修复治理的各种方法等,不足之处在所难免,敬请专家批评指正。

著 者

2021 年 11 月

目　录

第 1 章 绪 论

1.1 研究目的与意义

我国面临着资源型和水质型缺水双重危机,在水资源短缺的情况下,为了确保农业生产,许多地方被动利用污水进行灌溉。据水利部调查,2004 年我国污水灌溉面积已达 5 427 万亩❶,约占全国总灌溉面积的 7.3%。大量未经处理的污水直接用于农田灌溉,虽然解决了一些地区缺水的燃眉之急,却为之付出了高昂的代价。污水灌溉使重金属等污染物大量积累在土壤中,使土壤生态系统的结构和功能受到严重影响,改变了土壤生物种群结构,减少了其多样性,降低了土壤生产力,恶化了土壤理化性能,且会抑制作物生长,导致农作物减产及产品品质下降,严重威胁农业生态环境、食品安全及农业可持续发展。据国家环保总局调查,截至 2009 年,我国 1/6 的耕地受到重金属污染,重金属污染面积至少有 2 000 万 hm^2。土壤重金属污染在人类经济发展中给环境带来了严重的负面影响。2009 年,我国重金属污染导致 4 035 人血铅超标、182 人镉超标,引发 32 起群体性事件。土壤重金属污染已经对群众身体健康、利益以及农产品安全造成严重影响和危害。因此,重金属污染的修复研究不容忽视。

随着我国污水灌溉面积的不断扩大,如何修复污染土壤是一项非常艰巨而重要的任务。目前常用的土壤污染治理方法有淋滤法、客土法、吸附固定法等物理方法,以及生物还原法、络合物浸提法等化学方法。物理方法见效缓慢,化学方法虽快,但易带来二次污染。植物修复技术是一种可靠的、相对安全的环境友好型修复技术,目前被世界各国政府、科技界、学术界所关注。但目前为止,对植物修复技术的植物选择、修复机理、应用条件、修复效果等方面的研究还比较薄弱,尤其在根际这个复杂的微生态环境中,土壤重金属修复机理的研究还较薄弱,这就影响了土壤重金属污染治理的进程。因此,需要深入探讨植物根际环境的改变对土壤重金属修复机理的影响及土壤-生物系统的综合响应机制。

植物根系分泌物反映了植物之间、植物与土壤以及植物与微生物之间的物理、化学和生物关系,在土壤污染修复中发挥重要的作用。根系分泌物影响重金属修复的途径是多种多样的,能通过调节根际 pH 值、螯合作用、沉淀、稳定等途径改变重金属的生物有效性和生物毒性,从而影响植物对重金属的吸收;此外,通过其分泌的酶类,与土壤微生物的共同作用来降解、消除有机污染物,减轻其对植物的毒害,最终减少污染物在食物链中的传递(旷远文 等,2003)。根系分泌物在重金属污染的植物修复过程中作用十分明显。

本书从富集重金属的黑麦草根际环境改变入手,主要针对基于根系分泌有机酸的植

---

❶ 1 亩 = 1/15 $hm^2 \approx 666.67\ m^2$。

物修复机理进行研究,探索对重金属吸收起关键性促进作用的根系分泌有机酸组成、诱导作用、综合响应机制,进而从理论上阐明植物修复的调控机理。

1.2　国内外研究进展

超富集植物(Hyperaccumulator)的最早提出,是意大利植物学家 Cesalpino 1583 年首次在托斯卡纳"黑色的岩石"上发现特殊的植物而起源的。Brooks 在 1977 年正式提出了超富集植物的概念(Brooks et al.,1977)。1983 年 Chaney 利用超富集植物清除土壤重金属污染(Chaney et al.,1983),即植物修复。近年来,植物修复(Phytoremediation)作为一种新兴的环境污染治理技术,已成为国际学术界研究的热点。植物修复是以植物耐受和超量吸收富集某些污染物为出发点,利用生物来修复污染的一种环境治理技术。植物修复的概念有广义和狭义之分,广义的植物修复包括:利用植物修复重金属污染的土壤,利用植物净化空气和水体,利用植物清除放射性元素和利用植物及其根际微生物共存体系净化土壤中的有机污染物。狭义的植物修复主要指利用植物清除污染土壤中的重金属。随着对耐重金属和超积累生物的研究,根系分泌物在修复污染过程中作用机理的研究,以及根际-非根际理化性质的研究,植物修复技术得到拓展。

根据污染物的理化特性、环境行为以及作用机理,植物修复技术总体上可分为植物挥发、植物过滤、植物提取和植物钝化。

(1)植物挥发:利用植物将重金属存在形态转变为易挥发的形态,利用土壤和植物表面的挥发作用将其转运。

(2)植物过滤:指利用植物根系的吸收能力和巨大的表面积或利用整个植株在污水中吸收、沉淀、富集重金属等污染物。

(3)植物提取:利用重金属超积累植物的高吸收、高富集特性,吸收土壤中的重金属或者放射性元素,并在地上部大量富集,用常规的农业生产技术收获植株,从而达到清除污染的目的。

(4)植物钝化:采用植物将重金属转化为毒性较低的形态,但并不减少其在土壤中的含量。

植物挥发和植物过滤在土壤植物修复方面已有应用,基础理论研究相对较为成熟。植物提取和植物钝化在目前污染土壤植物修复的研究中所占比例较大。植物钝化因土壤中重金属含量不减少,还是一个潜在的污染源,而植物提取可彻底解决重金属污染,但提取的效率一直是攻克的难题。目前已发现的超富集植物虽可以耐受、吸收富集重金属,但其生物量较低。而非超富集植物生物量较大,但吸收富集能力较差。所以,搞清楚植物富集重金属的机理是目前解决问题的关键。

由于重金属各形态所处能态的不同,使得其生物有效性存在差异。土壤对重金属的吸附使得其水溶态含量较低。因此,重金属的生物有效性成为污染土壤植物修复过程中的一个重要的影响因素。已有研究表明(Reeves et al.,1983;Knight et al.,1997),植物根际环境特征与重金属的生物有效性关系密切。目前认为,根际环境中 Eh、pH、根系分泌物和根际微生物是影响根际重金属行为最主要的因素。

1.2.1　根际环境 Eh 对重金属行为的影响

由于根系和微生物的呼吸耗氧影响,使得根际氧化还原电位较非根际低,土壤所具有的还原特性为重金属的还原创造了极好的条件,该性质对重金属的形态转化和毒性具有重要影响(陈静生 等,1997;James et al., 1996)。因此,根际 Eh 对重金属行为的影响,主要表现在化学反应方面。随着根际 Eh 的变化,土壤中氧化还原反应的方向及其速率都会随之变化(李花粉,2000),许多金属离子在土壤中的物理化学性质也会发生相应的变化,例如,重金属的价态、存在形态均会发生改变,从而影响其活性和生物有效性,改变重金属的毒性。因此,在土壤污染防治中根际 Eh 效应不容忽视。

1.2.2　根际环境 pH 对重金属行为的影响

pH 值是根际土壤环境中最重要也最活跃的指标之一。由于根系、根系分泌物和微生物的综合作用,使得根际环境中的 pH 值明显不同于非根际环境,变化范围一般在 1~2 个单位(李花粉,2000)。其原因为,植物对包括重金属在内元素的不平衡吸收,以及作物根系、微生物自身在生命活动中分泌有机酸所导致的。另外,由于根系和微生物的呼吸而产生的 CO_2 溶解于土壤溶液时也会增强土壤的酸性。此外,土壤的一些氧化还原反应也会影响其 pH 值水平。

pH 值的变化对根际环境的影响是多方面的。首先,重金属在大多情况下,是以难溶态存在于土壤中的,其溶解度随土壤 pH 值的变化而变化,植物对重金属的吸收也会随之发生显著变化;其次,土壤 pH 值受根系分泌物的影响而降低,进而改变与土壤结合的重金属的存在形态和生物有效性,影响植物对重金属的吸收。另外,pH 值影响根际土壤中的酶活性、根系分泌物的种类和数量以及微生物的数量和活性等,进而间接影响植物根系对重金属的耐受性和吸收转化特性。

1.2.3　根系分泌物对重金属行为的影响

植物在生长过程中,根系不断向根际环境中分泌大量有机物质,据估测,植物根系分泌物的质量占光合作用产物的 15%~40%(Keith et al., 1986),其主要由碳水化合物、有机酸、氨基酸、糖类物质、蛋白质、核酸以及大量其他物质组成。根系分泌物的组成和含量变化是植物响应环境胁迫最直接和最明显的反应,它是不同生态型植物对其生存环境长期适应的结果。这些物质中含有能提高土壤重金属生物有效性的金属螯合分子,其螯合作用影响重金属的存在形态及在生物体内的运移(陈英旭 等,2000;林琦 等,2001),并对根际土壤 pH 值及氧化还原电位有一定的调节作用,进而影响营养元素及重金属在根际的有效性。根系分泌物中低分子量有机酸(low molecular weight organic acid)在其中占很大比例,其影响土壤固相结合重金属的释放,形成重金属复合物,进而增加土壤重金属的溶解。在养分胁迫或重金属逆境条件下,有机酸会大量分泌,如草酸、柠檬酸、苹果酸、酒石酸、琥珀酸等。Cieslinski 等(1998)以硬质小麦的不同品种为材料,发现根际土壤中含有较多低分子量有机酸,其中乙酸和琥珀酸居多,且小麦苗期地上部 Cd 积累与根系分泌的低分子量有机酸的数量有关。Miguel 等(2002)采用抗 Al 大麦为研究对象,研究表明,在 Al 污染土壤中,大麦根系分泌有机酸主要为柠檬酸,这是大麦对 Al 胁迫产生抗性的机制体现。Hammer 和 Keller(2002)认为,超量积累植物对有机酸的分泌能力较一般植物强,但也有相反的研究结论,认为超量积累植物与非超量积累植物根系分泌物并无明显差异(Salt et al., 1995)。

关于有机酸对植物修复的影响,研究得出,黑麦草茎叶和根系中的 Cd 含量均随草酸、柠檬酸和乙酸浓度的增加而增大(廖敏,2002)。外源柠檬酸或草酸可明显增强生态型东南景天的耐锌能力,增加其生物量(龙新宪,2002)。EDTA 和柠檬酸可促进马蔺修复重金属 Cd 污染(原海燕,2007),可增强美人蕉对重金属 Cr 的耐性(孙和和,2008),可增加黄菖蒲对重金属 Cd、Cu 的吸收,且促进其向地上部转移(黄苏珍,2008)。柠檬酸对 Pb、酒石酸对 Cd 有较明显的解毒作用(陈英旭,2000)。加入低浓度酒石酸、柠檬酸、草酸可显著增加 Cd 胁迫下的油菜植株干重(杨艳,2007)。有机酸可活化根际土壤中的重金属,增强土壤中重金属的活性,从而提高作物根部对重金属的吸收,并促进其由地下部向地上部转移,进而提高植株的修复能力(李瑛,2004;梁彦秋,2006)。目前,关于根系分泌物促进重金属吸收的机理研究还很薄弱。对于根系分泌物中的哪些物质能促进植株对重金属的吸收,能增加重金属的生物有效性目前尚无定论。本研究针对根系分泌有机酸对重金属吸收的影响机理进行探讨,寻求并确定根系分泌有机酸中对植株吸收重金属起促进作用的关键成分,进而揭示基于根系分泌有机酸的植物修复机理。

本研究以黑麦草为研究载体,黑麦草发达的须根使得根系数量在土壤表层(10 cm)达 597~1 148 g/m(杨中艺,1995),黑麦草可改善土壤的物理结构,增加土壤有机质和土壤含氮量,增强土壤养分的有效性(辛国荣,1998)。黑麦草泰德对 Zn 的吸收量和转运率最高(徐卫红,2005),且吸收的 Zn 主要集中在地上部(徐卫红,2007),对 Zn 有较强的抗性和耐性,有作为土壤锌污染植物修复材料的潜力(徐卫红,2005、2006)。本书探讨黑麦草对重金属 Pb 的修复效果,为土壤重金属 Pb 污染植物修复提供新途径。

1.2.4 根际微生物对重金属行为的影响

根系分泌物的存在以及根际特殊的理化性质决定了根际微生物群落、数量及活性不同于非根际,根际土壤中细菌和固氮菌均多于非根际(段俊英,1985)。而土壤的生物化学活性受微生物数量的直接影响(Feng,2005),一方面,微生物自身及其活动均可改变土壤环境中重金属的存在形态等化学特性(陈能场,1994),进而影响重金属的生物可利用性,最终影响植物对重金属的吸收。另一方面,微生物通过细胞外沉淀和络合、细胞内束缚及转化等对重金属吸收起作用,即微生物的细胞壁可以结合污染物,重金属进入细胞后,细胞将其隔离分开或被转化成毒性较小的化合物,进而降低其毒性。此外,微生物通过钝化、转化和富集重金属,降低重金属的植物有效性,从而减少植物对其的吸收富集(Fernandez,1999),降低重金属对生物的毒害作用。

微生物与植物根系所组成的微生态系统是一个较特殊的系统,对土壤重金属的生物有效性的作用机制较复杂。例如,一方面,植物根系与真菌所形成的菌根,通过改变重金属的存在形态来调节其生物有效性,进而促进植物吸收重金属,这一特征在重金属 Cu 和 Zn 上体现较明显(Gnekov,1989;Sharma,1991;黄艺,2000)。另一方面,微生物所分泌的表面活性剂、有机酸、氨基酸和酶等可提高重金属的生物有效性（LEBEAU，2008）。此外，微生物可通过催化重金属的氧化还原来调节其生物有效性（Lasatm，2002）。近年来，越来越多的微生物学家将根际微生物作为研究的重点。

1.2.5　根际重金属形态及迁移转化的影响

一般地，将重金属在土壤中的存在形态分为五种，分别为可交换态、碳酸盐结合态、铁锰氧化物结合态、有机物结合态以及残渣态。受植物根系、根系分泌物以及微生物活动的影响，根际土壤中重金属的存在形态、迁移转化等不同于非根际土壤（Ernst，1996）。超富集植物通过根系所分泌的特殊物质，使得重金属存在形态发生转变，进而使作物可以超量吸收富集土壤中难溶态重金属（Knight，1994；Hammer、Keller，2002）。Reeves 和 Brooks（1983）认为，遏蓝菜属植物活化了土壤中不易吸收利用的 Zn。影响土壤重金属存在形态的因素较多，根际土壤理化性质、微生物群落、菌根以及重金属种类均成为其影响因素。重金属所发生的化学行为在其形态转化上体现，通过改变生物有效性，进而影响植物的吸收。根际重金属的赋存形态与其毒性以及生物有效性密切相关。

综上所述，土壤-植物系统中，根际是一个重要的环境层面，它影响重金属的迁移、转化和吸收积累。但是，由于根际环境所具有的微域性、动态性、复杂性和不可视性等特点，使得重金属污染植物修复机理的研究存在一定的难度，特别是根系分泌物对植物修复机理的影响，目前还缺乏系统的研究。以往对植物吸收重金属的研究是从化学特性（pH、Eh）、生物的遗传特性（根际分泌物、根际微生物）、生理生化代谢几个方面进行研究，而且研究得出植物根系分泌物中含有碳水化合物、有机酸、氨基酸、糖类物质、蛋白质、核酸以及大量其他物质，但究竟哪些物质能对重金属的吸收起关键性促进作用，目前还没有定论。因此，本研究将重点聚焦于重金属污染土壤植物修复的根际环境，并采取水培、土培两种栽培条件，重点研究根系分泌有机酸对植物修复的作用，期望从理论上进一步探索重金属污染土壤植物的修复机理。

第2章 不同 pH 值对土壤重金属铅吸附-解吸特性的影响研究

土壤重金属吸附是土壤最重要的化学性质之一,直接影响重金属在土壤及其生态环境中的形态转化、迁移和归趋,最终影响农产品的质量及人类的生存环境。土壤对重金属的吸附依赖于土壤类型、土壤溶液的组成和土壤的化学及矿物学特性,如土壤 pH 值、有机质含量、阳离子交换量、铁和锰氧化物含量等,其中 pH 值和离子浓度是两个基本因素。pH 值不但影响重金属溶解性,也影响其在土壤溶液中的形态分布,同时通过影响土壤其他组分,间接影响其生物有效性。Eriksson(1989)与 He(1994)等研究表明,土壤重金属的有效性或植物对重金属的吸收与土壤的 pH 值成反比。目前,国内外学者针对不同 pH 值条件下的铜、锌、镉在砖红壤、黄棕壤、黄绵土、黑垆土、黄褐土等土壤中的吸附行为进行了较多研究(徐明岗,1998;郭观林,2005),但关于沙壤土,大 pH 值范围内铅的吸附特性及吸附等温模拟的研究相对较少。因此,研究不同 pH 值对重金属铅的吸附特性的影响以及不同 pH 值条件下的吸附等温线的模拟,对于探讨重金属铅的运移转化机理、生物有效性及污染土壤的修复机理具有重要的意义,也是本研究从根际环境入手,探索分泌有机酸组成及其作用机理的基础内容。

2.1 试验器材

高速离心机、恒温振荡器、1 mm×1 mm 尼龙筛、塑料布、木锤、容量瓶、加液枪、pH 计、温度计及电导率仪等。

2.2 试验土样

供试土壤取自中国农业科学院农田灌溉研究所洪门试验场,表层 0~20 cm 沙壤土,容重为 1.44 g/cm³,田间持水量为 24%(质量含水率)。自然风干,磨碎,过 1 mm 筛备用。供试土壤粒径分析见表 2-1。

表 2-1 供试土壤的基本理化性质

土壤类型	机械组成(%)			营养元素(g/kg)		
	0.002 mm	0.05~0.002 mm	0.05 mm	全 N	全 P	速效 K
沙壤土	11.53	75.37	13.10	1.14	0.63	0.086

2.3　试验方法

试验设计 9 个 Pb^{2+} 浓度水平,分别为 10 mg/L、20 mg/L、50 mg/L、100 mg/L、200 mg/L、300 mg/L、500 mg/L、700 mg/L、1 000 mg/L。5 个 pH 值水平,分别为 3、5、7、9、11。每个处理设 3 次重复。

试验采用 1 次平衡法,供试土壤过 1 mm 筛后,准确称取 1.000 g,置于 50 mL 的聚乙烯塑料离心管中,以 0.01 mol/L 的硝酸镁(支持电解质)作为溶剂,$Pb(NO_3)_2$ 为溶质,加入 Pb^{2+} 浓度分别为 10 mg/L、20 mg/L、50 mg/L、100 mg/L、200 mg/L、300 mg/L、500 mg/L、700 mg/L、1 000 mg/L 的溶液 30 mL,用 HCl 和 NaOH 调节 pH 值分别为 3、5、7、9、11,25 ℃下振荡 2 h,室温下静置 24 h 使之充分吸附,10 000 r/min 的条件下离心 5 min,抽取上清液,加入 1 滴浓硝酸摇匀,用原子吸收分光度法测定 Pb^{2+} 的浓度。

2.4　吸附量计算

根据所测土壤溶液中 Pb^{2+} 的浓度,采用以下公式计算土壤对重金属 Pb^{2+} 的吸附量:

$$S = \frac{W(C_0 - C_1)}{m} \tag{2-1}$$

式中:S 为土壤吸附量,mg/kg;W 为溶液体积,mL;C_0 为土壤溶液中 Pb^{2+} 的初始浓度,mg/L;C_1 为土壤溶液中 Pb^{2+} 的平衡浓度,mg/L;m 为土样质量,g。

将土壤溶液分为高、低浓度两个系列,分别运用火焰和石墨两种方法测定。

2.5　吸附结果分析

2.5.1　吸附量与初始浓度

为了更清晰地表达吸附量随初始浓度的变化规律,本书将初始浓度分为 2 个区间,即 0~200 mg/L 和 200~1 000 mg/L。由图 2-1 可知,土壤对 Pb^{2+} 的吸附量随初始浓度的变化有很好的规律性,吸附量随初始浓度的增加而增大。初始浓度小于 100 mg/L 时,相同初始浓度不同 pH 值之间的吸附量差距较小,初始浓度大于 100 mg/L 时,不同 pH 值下的吸附量开始有差别,且随初始浓度的增加,其差异逐渐增大。

不同 pH 条件下吸附量随初始浓度的增加而增长的幅度也有所不同。如表 2-2 所示,pH=3 时,初始浓度≤100 mg/L 的范围内,吸附量随初始浓度增加而增长的幅度较大,不同初始浓度增长幅度较稳定,增长斜率保持在 29.7 左右。100~500 mg/L 为吸附量随初始浓度变化的敏感区间,吸附量增长斜率变幅较大,即随初始浓度的增加,吸附量增长的幅度越来越小。初始浓度在 500~1 000 mg/L 时,吸附量随初始浓度增加而增长的幅度较稳定,保持在 25.5 左右。可见,随初始浓度的增加,吸附量增长的幅度减小,≤100 mg/L 为大幅度稳定增长区,100~500 mg/L 为增长变化敏感区,500~1 000 mg/L 为小幅度稳定

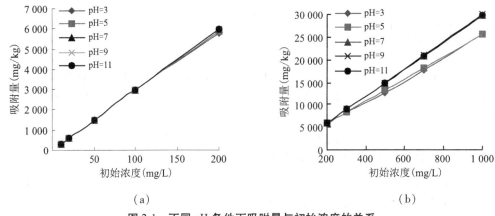

（a）   （b）

图 2-1 不同 pH 条件下吸附量与初始浓度的关系

增长区。这是由于初始溶液处于较低浓度（≤100 mg/L）时，土壤中存在很多空余的吸附点位，且加入 Pb^{2+} 的量比较少，土壤对 Pb^{2+} 的吸附量增加幅度较大。当初始浓度为 100~500 mg/L 时，随着加入 Pb^{2+} 的量迅速增加，土壤中的空余吸附点位逐渐被 Pb^{2+} 占据，吸附量增长幅度变缓，为增长变化敏感区。当初始浓度>500 mg/L 时，随着加入 Pb^{2+} 浓度的继续增加，而此时土壤中大部分吸附点位已被 Pb^{2+} 占据，趋于饱和，空余吸附点位越来越少，吸附量增加幅度减小，进入小幅度稳定增长区；同样，pH=5 时，随初始浓度的增加，吸附量增长的幅度减小，≤100 mg/L 为大幅度稳定增长区，增长斜率保持在 29.6~29.8，100~700 mg/L 为增长变化敏感区，增长斜率保持在 26.5~29.1，700~1 000 mg/L 为小幅度稳定增长区，增长斜率保持在 25.7~25.8；对于 pH=7、9、11 的情况，吸附量随初始浓度增加而增长的幅度都较大，即不存在小变幅区、敏感区及大变幅区。pH=7 的增长斜率范围为 29.3~29.9，pH=9 的增长斜率范围为 29.5~30.0，pH=11 的增长斜率范围为 29.7~29.9。

表 2-2 不同 pH 条件下吸附量随初始浓度的增长幅度

pH=3	初始浓度（mg/L）	10	20	50	100	200	300	500	700	1 000
	吸附量增长斜率	29.7	29.7	29.7	29.6	28.7	27.6	25.5	25.4	25.5
pH=5	初始浓度（mg/L）	10	20	50	100	200	300	500	700	1 000
	吸附量增长斜率	29.8	29.7	29.6	29.6	29.1	27.9	26.5	25.8	25.7
pH=7	初始浓度（mg/L）	10	20	50	100	200	300	500	700	1 000
	吸附量增长斜率	29.6	29.3	29.6	29.7	29.8	29.8	29.8	29.8	29.9
pH=9	初始浓度（mg/L）	10	20	50	100	200	300	500	700	1 000
	吸附量增长斜率	29.5	29.6	29.7	29.8	29.8	29.8	29.9	30.0	30.0
pH=11	初始浓度（mg/L）	10	20	50	100	200	300	500	700	1 000
	吸附量增长斜率	29.7	29.8	29.8	29.7	29.8	29.8	29.9	29.8	29.8

不同 pH 值下吸附量的关系为：$S_{pH=3}<S_{pH=5}<S_{pH=7,9,11}$，即随 pH 值的增大，吸附量增加，但在 pH=7、pH=9、pH=11 条件下吸附量差距较小。可见在 pH≤7 时，pH 的变化对

Pb^{2+} 吸附量的影响较大,pH>7 时,无论在哪个初始浓度下,吸附量均不随 pH 值的变化发生明显变化,即吸附量随初始浓度敏感变化的 pH 阈值范围为 pH<7。

不同 pH 值条件下,初始浓度≤100 mg/L 的范围时,吸附量随初始浓度增加而增长的幅度较一致,在 100~1 000 mg/L 范围内,pH=7、9、11 时,吸附量随初始浓度增加而增长的幅度较 pH=3 和 pH=5 的大,导致了在这一范围内相同初始浓度下,pH=7、9、11 的吸附量大于 pH=3、5 的吸附量。这是由于随着 pH 值的升高,H^+ 逐渐减少,土壤溶液中 H^+ 对 Pb^{2+} 竞争吸附也随之减弱,土壤对 Pb^{2+} 的非专性吸附能力增强,吸附量增加;同时,从另一个角度,pH 值的升高促使 Pb^{2+} 发生沉淀,这与崔志强(2007)的研究结果一致,即 Pb^{2+} 逐渐进入土壤中水合氧化物的金属原子配位壳中,与−OH 配位基重新配位,并通过共价键或配位键结合在固体表面,使得土壤中 Pb^{2+} 逐渐转化为氢氧化物沉淀而被吸附。

2.5.2　吸附率与初始浓度

采用以下公式计算土壤对重金属离子的吸附率:

$$V=\frac{C_0-C_1}{C_0}\times100 \tag{2-2}$$

如前所述,将不同 pH 条件下吸附率随初始浓度的变化分 2 个区间。吸附率随初始浓度的增加而减小。如图 2-2 所示,初始浓度≤100 mg/L 时,不同 pH 值之间吸附率的差异较小,当初始浓度>100 mg/L 时,相同初始浓度下,吸附率随 pH 值的增大而增加,即 $V_{pH=3}<V_{pH=5}<V_{pH=7,9,11}$,但在 pH=7、pH=9、pH=11 条件下吸附率的差距较小。可见,只有在 pH<7 的范围内,pH 值的变化对吸附率的影响较大,即 pH 值对吸附率的影响敏感阈值范围为 pH<7,这与上面得出的结论一致。

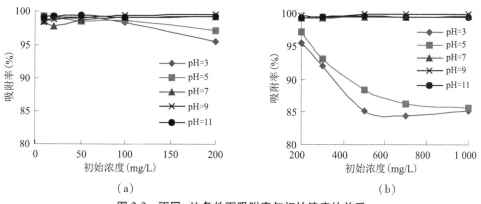

图 2-2　不同 pH 条件下吸附率与初始浓度的关系

2.5.3　平衡浓度与初始浓度

平衡浓度与初始浓度间的关系如图 2-3 所示,平衡浓度随初始浓度的增加而增大。初始浓度<100 mg/L 时,不同 pH 值之间平衡浓度的差异较小;初始浓度>100 mg/L 时,其值随 pH 值的增大而减小,即 $C_{pH=3}>C_{pH=5}>C_{pH=7,9,11}$,但在 pH=7、pH=9、pH=11 条件下平衡浓度差距较小。可见,只有 pH<7 时,pH 值的变化对平衡浓度的影响较大,这与上面得出的结论一致。

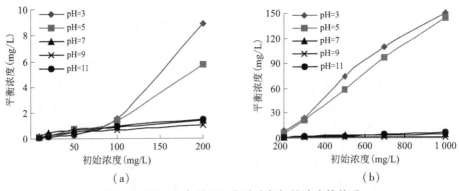

（a）　　　　　　　　　　　　　（b）

图 2-3　不同 pH 条件下平衡浓度与初始浓度的关系

2.5.4　吸附量与平衡浓度

如图 2-4 所示，对比不同 pH 值条件下吸附量随平衡浓度的变化可以看出，pH＝3 和 pH＝5 条件下，平衡浓度较大，其值分布在 0～150 mg/L 内；而 pH＝7、9、11 条件下，其范围非常小，仅在 0~7 mg/L 范围内。这主要是由于 pH 值较高时，部分 Pb^{2+} 发生沉淀，且 pH 值越高，沉淀越多，因此导致了高 pH 值时，平衡浓度较小的结果。由图 2-4 可知，在相同 pH 值条件下，吸附量随平衡浓度的增加而增大；相同平衡浓度下，吸附量随 pH 值的增大而增大，其规律为：$V_{pH＝3}<V_{pH＝5}<V_{pH＝7、9、11}$。以上分析结果的原因主要有以下几个：①随着 pH 值的升高，H^+ 逐渐减少，在土壤溶液中 H^+ 对 Pb^{2+} 的竞争吸附也随之减弱，土壤对 Pb^{2+} 的吸附量增加；②随着 pH 值的升高，土壤的吸附点位增加；③随着 pH 值的升高，改变吸附粒子的形态，即阳离子可能发生羟基化，形成 Pb^{2+}–OH 更易被吸附；④重金属离子吸附与土壤表面电荷之间存在密切关系，土壤对重金属离子的吸附主要取决于吸附表面的负电荷，而可变电荷表面的静电位随 pH 值的增加而降低，即随着 pH 值越来越大，表面负电荷越来越多，土壤对重金属离子的吸附作用越来越大。

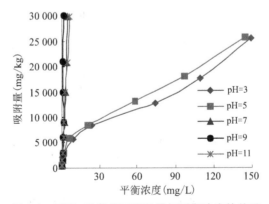

图 2-4　不同 pH 条件下吸附量与平衡浓度的关系

2.5.5　吸附率与平衡浓度

土壤对重金属 Pb^{2+} 的吸附率随平衡浓度的变化曲线如图 2-5 所示，图 2-5（a）为不同

pH 下的对比曲线,图 2-5(b)、(c)、(d)、(e)、(f)分别为每个 pH 值对应吸附率随平衡浓度的变化曲线。由图 2-5(a)可知,相同 pH 值时,土壤对 Pb²⁺的吸附率随平衡浓度的增加而减小。相同平衡浓度时,其值随 pH 值的增加而增大。由图 2-5(b)、(c)、(d)、(e)、(f)分析可知,平衡浓度对 pH=3 和 pH=5 条件下的吸附率影响较大,而 pH=7、9、11 时,平衡浓度对吸附率的影响较小,吸附率保持在一个很小的变化范围内。不同 pH 值下吸附率的具体变化范围为:pH=3,吸附率变化范围为 84.31~99.03;pH=5,范围为 85.54~99.30;pH=7,范围为 97.82~99.53;pH=9,范围为 98.29~99.82;pH=11,范围为 99.04~99.54。可见,吸附率随 pH 值的增加而增大,吸附率的变化范围随 pH 值的增加而减小。由此可得出,土壤对 Pb²⁺吸附的 pH 值影响敏感阈值范围为 pH<7。

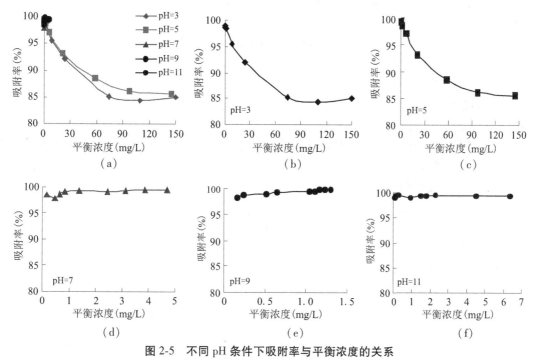

图 2-5　不同 pH 条件下吸附率与平衡浓度的关系

2.5.6　pH 值对吸附量的影响

不同初始浓度下吸附量随 pH 值的变化曲线如图 2-6 所示。不同初始浓度下吸附量随 pH 值的变化曲线形状相似,呈“S”形。“S”形曲线表明 Pb²⁺吸附过程中可能包括 H⁺−Pb²⁺交换反应,即 H⁺经反应从氧化物型的弱酸性基团中解离。

吸附量随 pH 值的升高而增大,pH=7 为拐点,在 pH<7 的范围内,随 pH 值增加,吸附量有明显增加,但当 pH>7 时,其增加幅度减小,且趋于稳定,尤其是当初始浓度大于 100 mg/L 时。在初始浓度小于 100 mg/L 时,吸附量随 pH 值变化的幅度较小,当>100 mg/L 时,随初始浓度的增加,吸附量随 pH 值的变化幅度逐渐增加。出现这一现象可能是由于随着初始浓度(>100 mg/L)和 pH 值的增加,沉淀逐渐增加,使得吸附量有所增加。

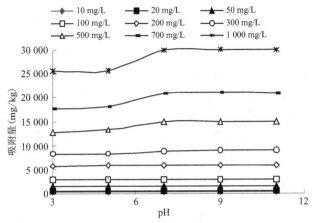

图 2-6　不同浓度下吸附量随 pH 值变化关系

2.5.7　土壤吸附等温模拟

土壤吸附量与平衡浓度密切相关,这种关系常用吸附等温线来描述。经过多年的研究,各国学者常将吸附过程用动态吸附和平衡吸附两种形式来描述(符娟林,2006),实际应用时,多采用平衡吸附模式来描述平衡浓度与吸附量之间的关系,分别以下列方程对吸附等温线进行拟合。

2.5.7.1　Henry 线性分配模拟

Henry 线性分配模型如下:

$$S = KC + a \tag{2-3}$$

式中:S 为吸附量, mg/kg;C 为平衡浓度,mg/L;K 与 a 为吸附常数。

模拟结果见图 2-7,模型系数的参数估计见表 2-3。

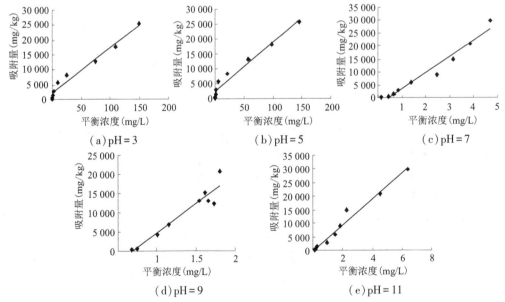

图 2-7　不同 pH 值条件下 Henry 线性模拟

表 2-3　模型系数的参数估计

pH	模型	模型决定系数	方程系数		标准误差 Se	t 值	p-值	95%置信区间		平均相对误差
3	Henry	0.966 5	K	2 140.075	718.266	2.980	0.021	441.647	3 838.504	1.167
			a	152.038	10.693	14.219 6	0.000 1	126.753	177.322	
	Freundlich	0.968 8	K	1 216.612	453.368	2.684	0.031	144.566	2 288.657	0.238
			n	0.588	0.080	7.358	0.000 2	0.399	0.777	
	Langmuir	0.862 3	a	0.000 9	0.000 4	2.126	0.071	-0.000 1	0.002	0.417
			b	0.000 043	0	6.622	0.000 3	0	0.000 1	
	Temkin	0.813 5	K_1	2 878.474	520.840	5.527	0.000 9	1 646.884	4 110.064	1.492
			K_2	3.210	2.257	1.422	0.198	-2.128	8.548	
	改进模型	0.943 5	K_1	7.255	0.166	43.639	0.000 1	6.862	7.648	0.038
			K_2	0.067	0.006 7	10.324	0.000 1	0.052	0.082	
5	Henry	0.962 4	K	2 478.535	759.592	3.263	0.014	682.385	4 274.685	1.364
			a	164.823	12.322	13.376	0.000 1	135.686	193.961	
	Freundlich	0.984	K	1 635.269	365.579	4.473	0.003	770.814	2 499.725	0.156
			n	0.541	0.049	11.055	0.000 1	0.425	0.656	
	Langmuir	0.891 4	a	0.000 8	0.000 3	2.349	0.051	0	0.002	0.376
			b	0.000 04	0	7.582	0.000 1	0	0.000 1	
	Temkin	0.816 6	K_1	2 865	513.168	5.583	0.000 8	1 651.551	4 078.45	2.095
			K_2	4.038	2.869	1.408	0.202	-2.745	10.822	
	改进模型	0.963 5	K_1	7.346	0.131	56.164	0.000 1	7.037	7.655	0.030
			K_2	0.067	0.005	12.926	0.000 1	0.055	0.079	

续表 2-3

pH	模型	模型决定系数	方程系数		标准误差 Se	t 值	p-值	95%置信区间		平均相对误差
7	Henry	0.961 3	K	-2 545.69	1 168.684	2.178	0.066	-5 309.19	217.806	0.89
			a	6 166.791	467.500	13.191	0.000 1	5 061.328	7 272.253	
	Freundlich	0.991 1	K	2 433.608	362.824	6.707	0.000 3	1 575.665	3 291.55	0.203
			n	1.605	0.107	15.063	0.000 1	1.353	1.857	
	Langmuir	0.565 8	a	0.000 5	0.000 1	6.994	0.000 2	0.000 3	0.000 7	0.298
			b	-0.000 1	0	3.021	0.019	-0.000 2	0	
	Temkin	0.955	K_1	-0.213	81 470.25	0	0.999 9	-192 647	192 646.3	3.414
			K_2	5.44E-09	0.008 1	0	0.999 9	-0.019	0.019	
	改进模型	0.977 7	K_1	7.886	0.094	84.128	0.000 1	7.665	8.108	0.021
			K_2	0.175	0.011	16.363	0.000 1	0.150	0.201	
9	Henry	0.919	K	-2 999.18	1 579.267	1.899	0.099	-6 733.56	735.190	0.376
			a	15 287.48	1 715.054	8.914	0.000 1	11 232.02	19 342.93	
	Freundlich	0.921 8	K	11 717.01	897.068	13.062	0.000 1	9 595.78	13 838.24	0.183
			n	1.544	0.343	4.506	0.003	0.734	2.354	
	Langmuir	0.678 2	a	0.000 5	0.000 1	5.583	0.000 8	0.000 3	0.000 7	0.582
			b	-0.000 3	0.000 1	3.841	0.006 4	-0.000 6	-0.000 1	
	Temkin	0.855 9	K_1	-0.289	23 708.65	0	1	-56 062.3	56 061.77	1.246
			K_2	0	0.002	0	1	-0.005	0.005	
	改进模型	0.959 4	K_1	9.318	0.123	75.847	0.000 1	9.028	9.609	0.030
			K_2	0.247	0.022	11.495	0.000 1	0.196	0.298	

续表 2-3

pH	模型	模型决定系数	方程系数		标准误差 S_e	t 值	p-值	95% 置信区间		平均相对误差
11	Henry	0.975 6	K	41.459	807.532	0.051	0.961	-1 868.05	1 950.97	0.228
	Freundilich	0.976 5	a	4 762.572	284.392	16.747	0.000 1	4 090.093	5 435.051	
			K	5 110.102	704.356	7.255	0.000 2	3 444.565	6 775.64	0.171
			n	0.956	0.086	11.126	0.000 1	0.753	1.159	
	Langmuir	0.139 4	a	0.000 3	0	9.264	0.000 1	0.000 2	0.000 3	0.205
			b	-0.000 01	0	1.066	0.322	0	0	
	Temkin	0.752 8	K_1	6 050.599	1 310.514	4.617	0.002 4	2 951.725	9 149.473	2.715
			K_2	5.042	2.301	2.191	0.065	-0.399	10.483	
	改进模型	0.973 3	K_1	8.246	0.097	85.454	0.000 1	8.018 42	8.475	0.026
			K_2	0.133	0.009	15.009	0.000 1	0.112	0.153	

2.5.7.2　Freundilich 吸附方程模拟

Freundilich 吸附方程如下：

$$S = KC^n \tag{2-4}$$

式中：S 为吸附量，mg/kg；C 为平衡浓度，mg/L；K 为 $C = 1$ 时 Pb^{2+} 的吸附量；n 为吸附曲线的斜率，反映吸附的非线性程度。

模拟结果如图 2-8 所示，模型系数的参数估计见表 2-3。

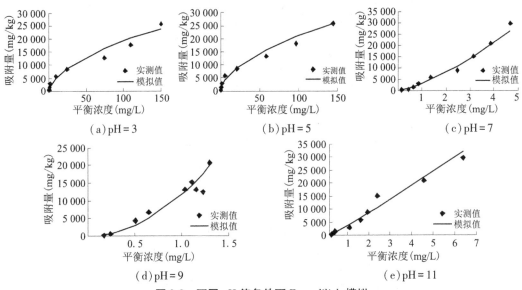

图 2-8　不同 pH 值条件下 Freundilich 模拟

2.5.7.3　Langmuir 吸附等温线模拟

Langmuir 吸附等温式最开始是根据气体分子在金属上的吸附，从反应动力学的观点提出的等温吸附式，其基本假设如下：

（1）固体的等温吸附能力是由于吸附剂表面的原子力场没有饱和，有剩余价力。

（2）当气体分子碰撞到固体表面时，一部分被吸附放出吸附热。

（3）气体分子只有碰撞到尚未饱和的空白表面时才能发生吸附作用，即发生单分子层的吸附。

（4）吸附剂表面是均匀的，在吸附过程中，被吸附的分子之间不相互影响。

Langmuir 方程如下：

$$\frac{C}{S} = \frac{1}{(K \cdot S_m)} + \frac{C}{S_m} \tag{2-5}$$

式中：S 为吸附量，mg/kg；S_m 为土壤颗粒对重金属离子的最大吸附量，mg/kg；C 为平衡浓度，mg/L；K 为与吸附结合能相关的常数，mL/kg。

令 $1/(K \cdot S_m) = a$，$1/S_m = b$，则 Langmuir 方程变为：

$$\frac{C}{S} = a + bC \quad (S_m = 1/b, K = b/a) \tag{2-6}$$

以 C/S 对 C 作图，由直线的斜率（b）和截距（a）即可求得 S_m 和 K。

模拟结果如图 2-9 所示，模型系数的参数估计见表 2-3。

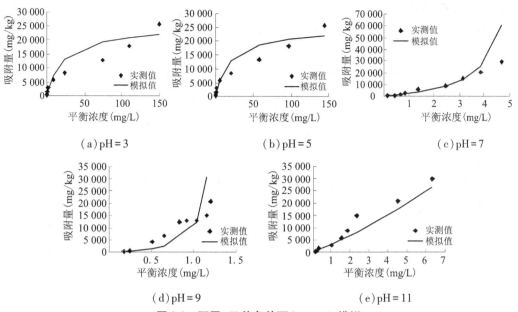

（a）pH=3　　　　　　（b）pH=5　　　　　　（c）pH=7

（d）pH=9　　　　　　（e）pH=11

图 2-9　不同 pH 值条件下 Langmuir 模拟

2.5.7.4　Temkin 方程模拟

Temkin 方程如下：

$$S = K_1 \ln(K_2 \cdot C) \tag{2-7}$$

式中：S 为吸附量，mg/kg；C 为平衡浓度，mg/L；K_1、K_2 为拟合常数。

模拟结果如图 2-10 所示，模型系数的参数估计见表 2-3。

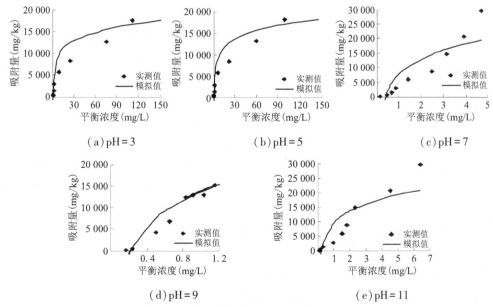

（a）pH=3　　　　　　（b）pH=5　　　　　　（c）pH=7

（d）pH=9　　　　　　（e）pH=11

图 2-10　不同 pH 值条件下 Temkin 模拟

2.5.7.5　改进模型

基于平衡浓度与吸附量之间的关系变化,本研究引入了如下模型:

$$\ln(S) = K_1 \times C^{K_2} \tag{2-8}$$

式中:S 为吸附量, mg/kg;C 为平衡浓度,mg/L;K_1、K_2 为拟合常数。

模拟结果如图 2-11 所示,模型系数的参数估计见表 2-3。

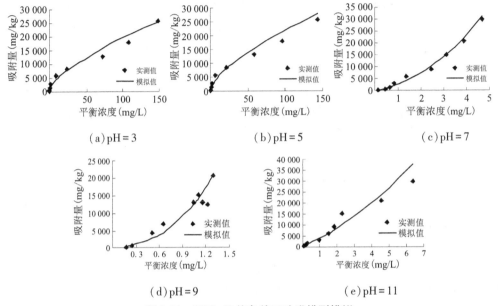

图 2-11　不同 pH 值条件下改进模型模拟

2.5.7.6　模型选优

对于 Henry 模型,模型的决定系数 R^2 均在 0.90 以上。pH=3、5 时,模型系数中 K 的参数估计值的显著水平小于 0.05,参数估计达到显著水平,但 pH=7、9、11 时,模型系数中 K 的参数估计值不显著。模型系数中 a 的参数估计值的显著水平小于 0.01,参数估计达到极显著。可见,Henry 模型较适合于 pH 为 3 和 5 条件下的模拟分析。另外,由不同浓度下的相对误差分析可知,随浓度的增加相对误差减小,尤其浓度是 10 mg/L 和 20 mg/L 时相对误差较大,可见该模型不适合于小浓度的模拟。

在 Freundlich 模型中,K 为吸附常数,n 为吸附浓度。根据表 2-3,随 pH 值的增加,K 增大,即吸附量增大。对于 n 值,一般认为当 $n<0.5$ 时,基质难以被吸附,为 2~5 时则易于被吸附。由表 2-3 分析可知,Pb^{2+} 在不同 pH 值下都易于吸附,但吸附强度有所差别,随 pH 值的增加,吸附的强度也有所增加。对于 Freundlich 模型的决定系数 R^2 均在 0.90 以上,除 pH=3 时,K 的参数估计值的显著水平小于 0.05 外,其他 pH 值条件下所有系数的参数估计值的显著水平均小于 0.01,参数估计达到极显著。综上所述,Freundlich 模型适合于不同 pH 值条件下土壤对 Pb^{2+} 的吸附等温模拟。

对于 Langmuir 模型,模型的决定系数 R^2 均在 0.90 以下,尤其是 pH=7、9、11 时,模拟效果更差,而且模型系数中的参数估计值不显著。

对于 Temkin 模型,模型的决定系数 R^2 在 $0.75 \sim 0.96$,但模型系数中的参数估计不显著。该模型不适合本试验条件下的吸附模拟。

基于以上模型分析,本研究引入了改进的模型,由模型参数分析可知,该模型的决定系数 R^2 均在 0.90 以上,且模型系数中的参数估计值的显著水平均为 0.000 1,参数估计达到极显著水平,而且平均相对误差也是所有模型中最小的,可见该模型较适合不同 pH 值条件下土壤对 Pb^{2+} 的吸附模拟。

综合以上分析可得出,从决定系数 R^2 角度分析,Henry 模型、Freundilich 模型、改进模型都较好,从模型系数中的参数估计的显著水平角度分析,Freundilich 模型和改进模型适合于所有 pH 值条件下的模拟分析,而 Henry 模型较适用于 pH 为 3 和 5 的情况。各参数分析得出,改进模型为最优模型,其次为 Freundilich 模型,Henry 模型较适用于低 pH 值条件下的模拟分析。

2.6　解吸试验方法

在吸附试验结束后立即进行解吸试验,试验材料为吸附试验所剩的残渣土样。配置 pH 值分别为 3、5、7、9、11 的 0.01 mol/L 硝酸镁(支持电解质),分别加入对应的吸附试验残土中,恒温下振荡 2 h,室温下静置 24 h,使之充分吸附,10 000 r/min 的条件下离心 5 min,抽取上清液,加入 1 滴浓硝酸摇匀,用原子吸收分光度法测定 Pb^{2+} 的浓度。

2.7　解吸量计算

解吸量是指通过解吸试验后,从单位质量土样上解吸到土壤溶液中的 Pb^{2+} 含量。其计算公式为:

$$S = \frac{WC_1}{m} \tag{2-9}$$

式中:S 为解吸量,mg/kg;W 为溶液体积,mL;C_1 为平衡浓度,mg/L;m 为土样质量,g。

将抽出来的溶液分为高、低浓度两个系列,分别运用火焰和石墨两种方法测定。

2.8　解吸结果分析

2.8.1　吸附量与解吸量

吸附量与解吸量的关系如图 2-12 所示,解吸量随吸附量的增加而增大。限于篇幅,本书给出不同浓度下解吸量随吸附量变化的平均斜率,如表 2-4 所示,解吸量随吸附量增加而增加的幅度随 pH 值的增大而减小,即 pH 值越小,其增幅越大,反之则越小。解吸量随吸附量增加的幅度越大,则专性吸附选择性或亲和力越低。

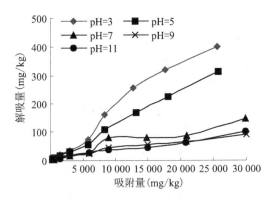

图 2-12　不同 pH 值条件下吸附量与解吸量的关系

表 2-4　不同浓度下解吸量随吸附量变化的平均斜率

pH 值	3	5	7	9	11
不同浓度平均斜率	0.015	0.013	0.006	0.006	0.005

对比相同吸附量不同 pH 值对解吸量的影响可知,解吸量随 pH 值的增大而减小,同比条件下,pH = 3、5 时的解吸量远远大于 pH = 7、9、11 时的解吸量。可见,pH 值的升高有利于 Pb^{2+} 的专性吸附。

2.8.2　初始浓度与解吸后平衡浓度

初始浓度与解吸后平衡浓度之间的关系和吸附量与解吸量之间的关系相类似,如图 2-13 所示。解吸后平衡浓度随初始浓度的增加而增大,随 pH 值的增大而减小。同比条件下,pH = 3、5 远远大于 pH = 7、9、11,这与上文分析结论一致。

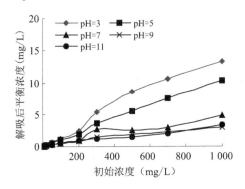

图 2-13　不同 pH 值初始浓度与解吸后平衡浓度关系

2.8.3　pH 值对解吸量变化的影响

不同初始浓度下解吸量随 pH 值的变化曲线如图 2-14 和表 2-5 所示。不同初始浓度下解吸量随 pH 值的变化曲线形状相似,呈递减曲线。即随 pH 值的增加,解吸量减小,减小的幅度也随 pH 值的增加而减小,即 pH 值越大,变化幅度越小,且 pH = 7 为转折点,

pH<7 时,变化幅度较大,pH>7 时,变化幅度较小。初始浓度<100 mg/L 时,解吸量随 pH 值变化的幅度较小,≥100 mg/L 时,随初始浓度的增加,解吸量随 pH 值的变化幅度逐渐增加,出现这一现象可能是由于随着初始浓度(≥100 mg/L)和 pH 值的增加,专性吸附的选择性增强,使得解吸量有所减小。

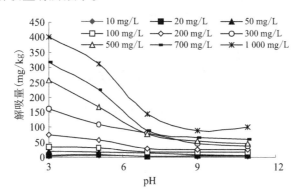

图 2-14　不同浓度下解吸量和 pH 值关系

表 2-5　不同初始浓度下解吸量随 pH 值变化斜率

初始浓度 (mg/L)	pH				
	3	5	7	9	11
10	1.02	1.13	0.47	0.46	0.29
20	2.17	1.78	0.58	0.68	0.44
50	6.72	3.52	1.92	1.06	0.60
100	11.44	6.38	2.48	1.93	1.48
200	24.65	11.44	4.07	2.89	2.46
300	53.33	21.65	11.33	5.05	3.46
500	85.63	33.06	11.22	6.06	4.13
700	106.36	45.12	12.52	7.44	5.56
1 000	133.35	62.41	20.66	9.92	9.09

相同 pH 值下,解吸量随初始浓度的增加而增大,其增幅呈递增趋势,即初始浓度越大,解吸量的变化幅度也越大。

2.8.4　吸附量与解吸率

解吸率为解吸量占吸附量的比例。如图 2-15 所示,解吸率随 pH 值升高而降低,不同 pH 值条件下 Pb^{2+} 的平均解吸率分别为 1.47%、1.29%、0.62%、0.62%、0.52%,即 pH=3 解吸率>pH=5 解吸率>pH=7 解吸率>pH=9 解吸率>pH=11 解吸率。不同 pH 值条件下专性吸附的比例为 98.53%、98.71%、99.38%、99.38%、99.48%,这说明专性吸附的选择性随 pH 值的升高而增强。

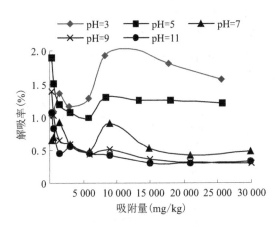

图 2-15　不同 pH 值条件下吸附量与解吸率关系

2.9　小　结

通过不同 pH 值对重金属 Pb^{2+} 吸附-解吸的影响分析,可得出如下结论:

(1)吸附量与初始浓度之间的关系分析表明,不同 pH 值条件下土壤对 Pb^{2+} 的吸附量随初始浓度的增加而增大。初始浓度<100 mg/L 时,相同初始浓度不同 pH 值之间的吸附量差距较小,初始浓度>100 mg/L 时,不同 pH 值下的吸附量开始有差别,且随初始浓度的增加,不同 pH 值之间的差异逐渐增大。pH=3 时,随初始浓度的增加,吸附量增长的幅度减小,初始浓度 ≤100 mg/L 为大幅度稳定增长区,100~500 mg/L 为增长变化敏感区,500~1 000 mg/L 为小幅度稳定增长区。pH=5 时,随初始浓度的增加,吸附量增长的幅度减小,初始浓度 ≤100 mg/L 为大幅度稳定增长区,100~700 mg/L 为增长变化敏感区,700~1 000 mg/L 为小幅度稳定增长区。pH=7、9、11 时,吸附量随初始浓度增加而增长的幅度都较大,不存在小变幅区,敏感区及大变幅。吸附量随 pH 值的增大而增加。pH<7 时,pH 值的变化对吸附量的影响较大,pH>7 时,无论在哪个初始浓度下,吸附量均不随 pH 值的变化而发生明显变化,吸附量随初始浓度变化的敏感 pH 值阈值范围为 pH<7。

(2)吸附率与初始浓度的关系分析得出,吸附率随初始浓度的增加而减小,初始浓度 ≤100 mg/L 时,不同 pH 值之间吸附率的差异较小;初始浓度>100 mg/L 时,吸附率随 pH 值的增大而增加。pH<7 时,pH 值的变化对吸附率的影响较大,pH 值对吸附率影响的敏感阈值范围为 pH<7。

(3)分析平衡浓度与初始浓度的关系可以得出,平衡浓度随初始浓度的增加而增大,初始浓度<100 mg/L 时,不同 pH 值之间平衡浓度的差异较小;初始浓度>100 mg/L 时,平衡浓度随 pH 值的增大而减小,且 pH=7、pH=9、pH=11 间平衡浓度差距较小。只有 pH<7 时,pH 值的变化对平衡浓度的影响较大。

(4)分析平衡浓度与吸附量的关系得出,pH=3 和 pH=5 的条件下,平衡浓度的范围较大,而 pH=7、9、11 条件下,平衡浓度的范围非常小。相同 pH 值条件下,吸附量随平衡浓度的增加而增大;相同平衡浓度下,吸附量随 pH 值的增大而增大。

（5）分析吸附率与平衡浓度的关系得出，相同 pH 值时，土壤对 Pb^{2+} 的吸附率随平衡浓度的增加而减小。相同平衡浓度时，吸附率随 pH 值的增加而增大，吸附率的变化范围随 pH 值的增加而减小。而且平衡浓度对 pH＝3、5 条件下的吸附率影响较大，pH＝7、9、11 时，平衡浓度对吸附率的影响较小，吸附率曲线保持在一个很小的变化范围内。土壤对 Pb^{2+} 吸附的 pH 值影响敏感阈值范围为 pH<7。

（6）分析 pH 值对吸附量变化的影响得出，不同初始浓度下吸附量随 pH 值的变化曲线呈"S"形，吸附量随 pH 值的升高而增大，pH＝7 为拐点。pH<7 时，随 pH 值增加吸附量有明显增加；pH>7 时，其增加幅度减小，且趋于稳定。初始浓度<100 mg/L 时，吸附量随 pH 值变化的幅度较小；初始浓度>100 mg/L 时，随初始浓度的增加，吸附量随 pH 值的变化幅度逐渐增加。

（7）通过对已有模型的评价得出，本书引入的关于平衡浓度与吸附量之间的改进模型为最优模型，其次为 Freundilich 模型，Henry 模型较适用于低 pH 值条件下的模拟分析。

（8）通过吸附量与解吸量的关系分析得出，解吸量随吸附量的增加而增大，其增幅随 pH 值的增大而减小。解吸量随 pH 值的增大而减小。

（9）通过分析 pH 值对解吸量变化的影响得出，解吸量随初始浓度的增加而增大，且变化幅度呈递增趋势。随 pH 值的升高而减小，且变化幅度呈递减规律。pH＝7 为明显转折点，pH<7 时，随 pH 值增加解吸量有明显减小；pH>7 时，其减小幅度减小，且趋于稳定。初始浓度<100 mg/L 时，解吸量随 pH 值变化的幅度较小。

总之，本章通过大量试验，得出了 pH＝7 的阈值拐点，是理论上的试验结论。从作者查阅文献来看，尚未见有大幅度 pH（3~11）条件下土壤对 Pb^{2+} 的吸附-解吸试验，以往的研究仅限于低范围内。由于对水体、土体污染的植物修复在实践中还存在诸多干扰因素或不可知因素，这一结论有待在实践中进一步验证。

第 3 章　不同有机酸作用下土壤重金属铅吸附–解吸特性研究

为探索富集植物根系分泌物中有机酸的调节机理,在前一章的基础上,进行添加不同有机酸的模拟试验,其中试验器材、土样、试剂及吸附–解吸计算方法同 2.1、2.2、2.4 节,这里不再赘述。

3.1　吸附试验方法

试验采用 1 次平衡法,设 3 次重复。供试土壤过 1 mm 筛后,准确称取 1.000 g 土样置于 50 mL 的聚乙烯塑料离心管中,以 0.01 mol/L 的硝酸镁(支持电解质)作为溶剂,配置 Pb^{2+} 浓度分别为 10 mg/L、20 mg/L、50 mg/L、100 mg/L、200 mg/L、300 mg/L、500 mg/L、700 mg/L、1 000 mg/L 的溶液 30 mL,用 HCl 和 NaOH 调节 pH 值为 5,分别加入 2 mmol/L 的 EDTA(乙二胺四乙酸)、草酸、酒石酸、冰乙酸、丙二酸、苹果酸、柠檬酸,以不加有机酸为对照处理。恒温下振荡 2 h,室温下静置 24 h,使之充分吸附,10 000 r/min 的条件下离心 5 min,抽取上清液,加入 1 滴浓硝酸摇匀,用原子吸收分光度法测定 Pb^{2+} 的浓度。

3.2　吸附结果分析

3.2.1　不同有机酸作用下吸附量与初始浓度

EDTA、草酸、酒石酸、冰乙酸、丙二酸、苹果酸和柠檬酸对土壤重金属 Pb^{2+} 吸附的影响如图 3-1 和图 3-2 所示。由图可知,不同有机酸作用下,吸附量均随初始浓度的增加而增加。所有处理的吸附量均小于对照处理,说明有机酸减小了 Pb^{2+} 的吸附量,增加其活性。不同有机酸作用下吸附量的大小顺序为:EDTA<柠檬酸<苹果酸<丙二酸<冰乙酸<酒石酸<草酸,EDTA 可显著降低土壤重金属 Pb^{2+} 的吸附量,对重金属 Pb^{2+} 的活化效果较明显。草酸的存在显著增加重金属 Pb^{2+} 的吸附,对重金属 Pb^{2+} 的活化效果较小。初始浓度<100 mg/L 时,草酸、酒石酸、冰乙酸、丙二酸、苹果酸和柠檬酸处理间差距较小,即初始浓度<100 mg/L 时,草酸、酒石酸、冰乙酸、丙二酸、苹果酸和柠檬酸对土壤重金属 Pb^{2+} 吸附量影响较小。随重金属初始浓度的增加,不同处理间吸附量差距逐渐增大。

3.2.2　不同有机酸等温吸附曲线

不同有机酸作用下,重金属 Pb^{2+} 吸附量与平衡浓度的关系如图 3-3 所示,吸附量随平衡浓度的增加而增加,不同有机酸作用下重金属 Pb^{2+} 吸附量随平衡浓度增长幅度的顺序为:EDTA<柠檬酸<苹果酸<丙二酸<冰乙酸<酒石酸<草酸,大小关系与吸附量及初始浓度间的关系一致。

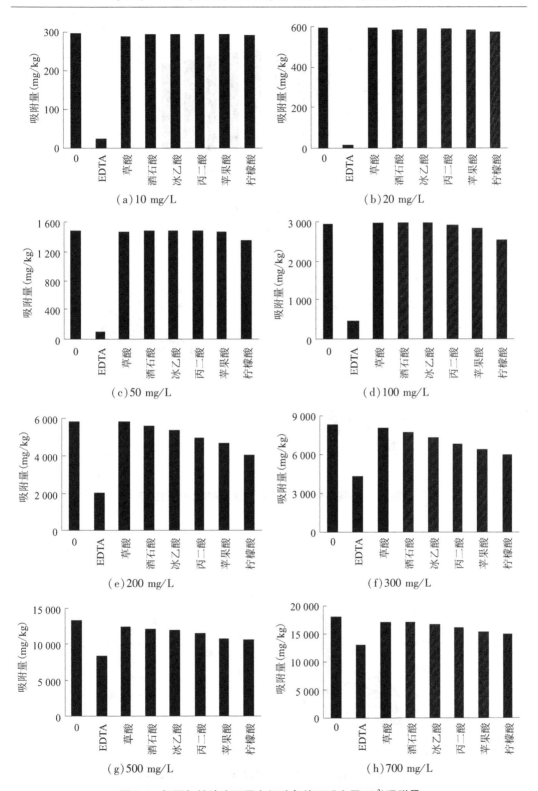

图 3-1　相同初始浓度不同有机酸条件下重金属 Pb^{2+} 吸附量

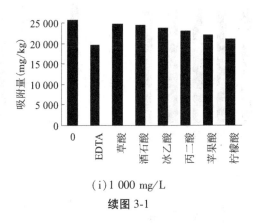

（i）1 000 mg/L

续图 3-1

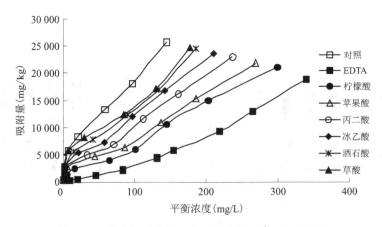

图 3-2　不同有机酸条件下吸附量与初始浓度的关系

图 3-3　不同有机酸条件下土壤重金属 Pb^{2+} 吸附等温线

3.2.3　不同有机酸等温吸附模型

不同有机酸作用下重金属 Pb^{2+} 的等温吸附模型模拟结果见图 3-4~图 3-7,模型参数估计见表 3-1。对于 Henry 模型,模型的决定系数 R^2 均在 0.90 以上,除柠檬酸处理外,其他有机酸处理模型系数中 K 的参数估计值的显著水平小于 0.05,参数估计达到显著水平,柠檬酸处理模型系数中 K 的参数估计不显著。模型系数中 a 的参数估计值的显著水平小于 0.01,参数估计值达到极显著。相对误差分析可知,EDTA 和草酸处理的相对误差较大,尤其是 EDTA 处理相对误差极大。可见 Henry 模型较适用于冰乙酸、丙二酸、苹果酸、酒石酸作用下重金属 Pb^{2+} 的等温吸附模拟。

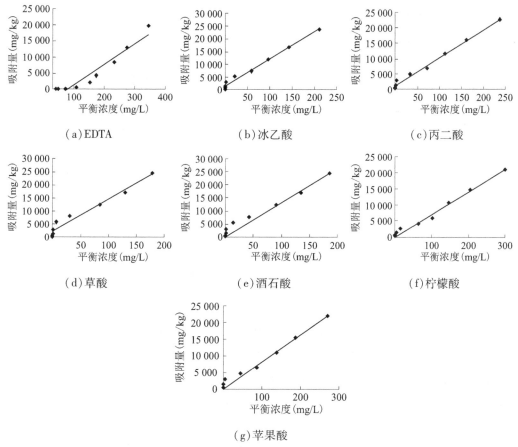

图 3-4　不同有机酸条件下 Henry 线性模拟

Freundilich 模型的决定系数 R^2 均在 0.96 以上。对模型系数中 K 的参数估计值的显著水平分析得出,仅草酸和柠檬酸处理参数 K 的估计值达到显著水平,其他有机酸处理均为不显著,而参数 n 的估计值达到极显著水平。所有有机酸处理 Freundilich 模型模拟的相对误差最小。可见,Freundilich 模型可用于草酸和柠檬酸作用下的重金属 Pb^{2+} 的等温吸附模拟。

对于 Langmuir 模型,模型的决定系数 R^2 均在 0.90 以下,模型系数的参数估计值除柠檬酸外均不显著。平均相对误差较 Freundilich 模型大。可见,Langmuir 模型不适用于本书所设计的有机酸作用下重金属 Pb^{2+} 的等温吸附模拟。

对于 Temkin 模型,模型的决定系数 R^2 均在 0.90 以下,模型系数 K_1 的参数估计值显著,K_2 不显著,且平均相对误差较大。该模型不适用于本试验条件下重金属 Pb^{2+} 的等温吸附模拟。

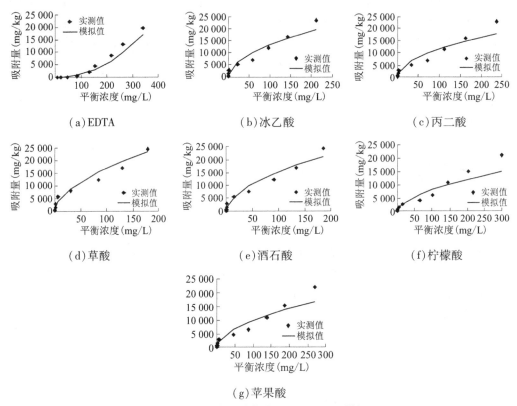

图 3-5 不同有机酸条件下 Freundilich 模拟

综合以上分析得出,本书所引用的模型均不适合 EDTA 条件下重金属 Pb^{2+} 的等温吸附模拟。冰乙酸、丙二酸、酒石酸、苹果酸作用下重金属 Pb^{2+} 的等温吸附可以用 Henry 模型模拟,柠檬酸和草酸可以用 Freundilich 模型模拟。

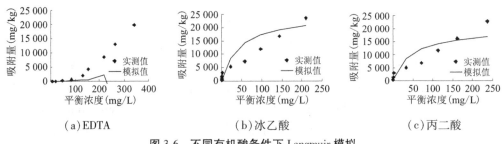

图 3-6 不同有机酸条件下 Langmuir 模拟

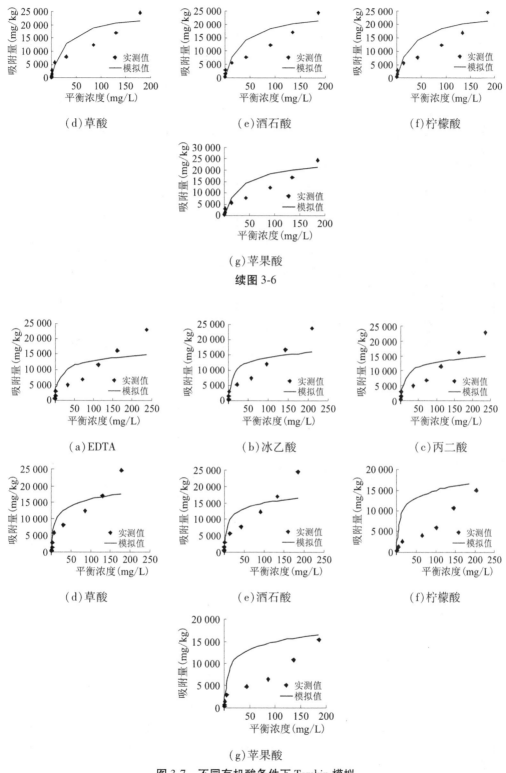

（d）草酸　　（e）酒石酸　　（f）柠檬酸

（g）苹果酸

续图 3-6

（a）EDTA　　（b）冰乙酸　　（c）丙二酸

（d）草酸　　（e）酒石酸　　（f）柠檬酸

（g）苹果酸

图 3-7　不同有机酸条件下 Temkin 模拟

表 3-1　模型系数的参数估计

有机酸	模型	模型决定系数	方程系数		标准误 S_e	t 值	p-值	95%置信区间		平均相对误差
EDTA	Henry 模型	0.918 6	K	-2 937.448 1	1 177.779 2	2.494 1	0.041 4	-5 722.453 0	-152.443 2	28.977
			a	58.911 7	6.626 6	8.890 2	0.000 1	43.242 4	74.581 0	
	Freundlich 模型	0.994	K	0.150 2	0.088 9	1.689 6	0.134 9	-0.060 0	0.360 3	0.595
			n	2.026 7	0.104 0	19.495 2	0.000 1	1.780 9	2.272 5	
	Langmuir 模型	0.367 1	a	0.711 3	0.248 3	2.864 8	0.024 2	0.124 2	1.298 4	0.890
			b	-0.002 8	0.001 4	2.014 8	0.083 8	-0.006 1	0.000 5	
	Temkin 模型	0.572 8	K_1	4 338.388 5	1 416.199 5	3.063 4	0.018 2	989.609 1	7 687.167 9	34.835
			K_2	0.039 7	0.022	1.805 8	0.113 9	-0.012 3	0.091 6	
冰乙酸	Henry 模型	0.987	K	1 574.118 9	426.719 2	3.688 9	0.007 8	565.088 4	2 583.149 4	0.783
			a	105.733 1	4.581 9	23.076 1	0.000 1	94.898 5	116.567 6	
	Freundlich 模型	0.976 2	K	366.608 1	165.481 3	2.215 4	0.062 3	-24.692 9	757.909 1	0.324
			n	0.773 6	0.089 8	8.618 5	0.000 1	0.561 4	0.985 9	
	Langmuir 模型	0.755 8	a	0.001 7	0.000 9	1.926 8	0.095 4	-0.000 4	0.003 9	0.567
			b	0	0	4.655 4	0.002 3	0	0.000 1	
	Temkin 模型	0.765 5	K_1	2 497.241 9	522.470 9	4.779 7	0.002	1 261.794 6	3 732.689 3	1.063
			K_2	2.834	2.446	1.158 6	0.284 6	-2.95	8.618	

续表 3-1

有机酸	模型	模型决定系数	方程系数		标准误差 S_e	t 值	p-值	95%置信区间		平均相对误差
丙二酸	Henry 模型	0.99	K	1 251.43	367.651 4	3.403 8	0.011 4	382.072 6	2 120.787 4	0.595
			a	91.352 9	3.470 3	26.324 6	0.000 1	83.147 1	99.558 8	
	Freundilich 模型	0.978 4	K	197.251 3	94.402	2.089 5	0.075	−25.974	420.476 7	0.283
			n	0.867	0.092 6	9.359 3	0.000 1	0.647 9	1.086	
	Langmuir 模型	0.689 9	a	0.002 3	0.001 2	1.848 8	0.107	−0.000 6	0.005 3	0.553
			b	0	0	3.946 9	0.005 6	0	0.000 1	
	Temkin 模型	0.726	K_1	2 320.596 6	538.845 4	4.306 6	0.003 5	1 046.43	3 594.763 3	1.371
			K_2	2.592 2	2.548 2	1.017 3	0.342 9	−3.433 4	8.617 8	
草酸	Henry 模型	0.961 4	K	2 259.527 5	739.148 4	3.056 9	0.018 4	511.719 4	4 007.335 7	1.266
			a	122.436 7	9.274 4	13.201 6	0.000 1	100.506 2	144.367 2	
	Freundilich 模型	0.961 6	K	1 283.220 2	514.453 8	2.494 3	0.041 3	66.730 3	2 499.710 1	0.344
			n	0.549 4	0.083 1	6.613 2	0.000 3	0.353	0.745 9	
	Langmuir 模型	0.867 8	a	0.001 1	0.000 5	2.095 3	0.074 4	−0.000 1	0.002 3	0.393
			b	0	0	6.779 9	0.000 3	0	0.000 1	
	Temkin 模型	0.837 7	K_1	2 863.937 4	476.486 8	6.010 5	0.000 5	1 737.225 1	3 990.649 6	1.048
			K_2	2.635 5	1.671 5	1.576 7	0.158 9	−1.316 9	6.587 8	

续表 3-1

有机酸	模型	模型决定系数	方程系数		标准误差 Se	t 值	p-值	95%置信区间		平均相对误差
酒石酸	Henry 模型	0.979 9	K	1 791.874 5	540.583 1	3.314 7	0.012 9	513.598 9	3 070.150 2	0.527
			a	119.363 3	6.467 5	18.455 8	0.000 1	104.07	134.656 5	
	Freundilich 模型	0.969 8	K	595.992 7	280.082 4	2.127 9	0.070 9	−66.296 9	1 258.282 3	0.284
			n	0.697 1	0.095 8	7.278 9	0.000 2	0.470 6	0.923 6	
	Langmuir 模型	0.814 1	a	0.001 3	0.000 7	1.990 8	0.086 8	−0.000 3	0.002 9	0.510
			b	0	0	5.538	0.000 9	0	0.000 1	
	Temkin 模型	0.785 9	K_1	2 634.886 4	519.762 3	5.069 4	0.001 4	1 405.843 9	3 863.929	1.233
			K_2	2.948 6	2.347 8	1.255 9	0.249 4	−2.603 1	8.500 4	
柠檬酸	Henry 模型	0.989 4	K	491.503 8	363.463 5	1.352 3	0.218 3	−367.950 6	1 350.958 2	0.392
			a	68.115 1	2.668 4	25.527	0.000 1	61.805 4	74.424 8	
	Freundilich 模型	0.986 6	K	69.925 4	29.359	2.381 7	0.048 8	0.502 4	139.348 4	0.187
			n	1.001 7	0.077 4	12.933 8	0.000 1	0.818 6	1.184 8	
	Langmuir 模型	0.494 5	a	0.005 6	0.002 2	2.515 1	0.040 1	0.000 3	0.010 9	0.447
			b	0	0	2.617 6	0.034 5	0	0.000 1	
	Temkin 模型	0.636 3	K_1	2 296.467 4	656.267 8	3.499 3	0.01	744.640 9	3 848.294	2.173
			K_2	0.893 2	0.969 6	0.921 3	0.387 6	−1.399 5	3.186	

续表 3-1

有机酸	模型	模型决定系数	方程系数		标准误差 Se	t 值	p-值	95%置信区间		平均相对误差
苹果酸	Henry 模型	0.988 8	K	961.040 1	375.660 7	2.558 3	0.037 6	72.743 8	1 849.336 4	0.448
			a	76.024 7	3.052 8	24.903 1	0.000 1	68.805 9	83.243 5	
	Freundlich 模型	0.978 9	K	103.133	54.645 4	1.887 3	0.101 1	−26.082 8	232.348 8	0.244
			n	0.955	0.099 6	9.589 9	0.000 1	0.719 5	1.190 5	
	Langmuir 模型	0.640 4	a	0.003 2	0.001 7	1.897 1	0.099 6	−0.000 8	0.007 2	0.546
			b	0	0	3.531 1	0.009 6	0	0.000 1	
	Temkin 模型	0.694 7	K_1	2 228.062 9	558.205 8	3.991 5	0.005 2	908.116 1	3 548.009 7	1.548
			K_2	1.844 3	1.920 2	0.960 5	0.368 8	−2.696 3	6.384 9	

3.3　解吸结果分析

不同有机酸作用下土壤重金属 Pb^{2+} 解吸量和吸附量的关系如图 3-8 所示。不同有机酸作用下,土壤重金属 Pb^{2+} 解吸量均随吸附量的增加而增加。同一吸附量条件下,解吸量的大小顺序为:EDTA>柠檬酸>苹果酸>丙二酸>冰乙酸>酒石酸>草酸。低浓度时,不同有机酸处理解吸量相当,随吸附量的增加,解吸量增加,且差距逐渐增大。其中 EDTA 处理的解吸量最大,明显高于其他有机酸,即 EDTA 对重金属的活化有明显的效果。

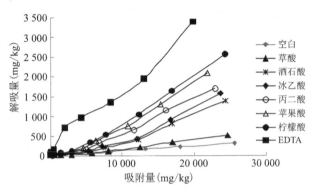

图 3-8　不同有机酸解吸量与吸附量的关系

由以上分析可知,有机酸对土壤重金属 Pb^{2+} 有明显的活化作用,不同有机酸对其活化能力不同,其中 EDTA 的活化能力最强,其次是柠檬酸和苹果酸,草酸的活化能力最弱,即 EDTA>柠檬酸>苹果酸>丙二酸>冰乙酸>酒石酸>草酸。对重金属的活化能力的强弱,主要和重金属 Pb^{2+} 与有机酸形成络合物的能力大小有关,而且有机酸的加入还可以活化过氧化物,使过氧化物中固定的重金属释放出来,提高在溶液中的水溶性。

3.4　小　结

（1）对不同有机酸作用下吸附量与初始浓度的关系分析得出,吸附量均随着初始浓度的增加而增加。EDTA 显著降低土壤重金属 Pb^{2+} 的吸附量,对重金属 Pb^{2+} 的活化效果较明显,草酸对重金属 Pb^{2+} 的活化效果较小。初始浓度<100 mg/L 时,草酸、酒石酸、冰乙酸、丙二酸、苹果酸和柠檬酸对土壤重金属 Pb^{2+} 的吸附量影响较小。随重金属初始浓度的增加,不同有机酸间吸附量差距逐渐增大。吸附量与平衡浓度的关系和吸附量与初始浓度间的关系一致。

（2）在冰乙酸、丙二酸、酒石酸及苹果酸作用下,重金属 Pb^{2+} 的等温吸附可以用 Henry 模型模拟。柠檬酸和草酸可以用 Freundilich 模型模拟。本研究所引用的模型均不适合于 EDTA 条件下重金属 Pb^{2+} 的等温吸附模拟。

（3）不同有机酸作用下,土壤重金属 Pb^{2+} 解吸量均随吸附量的增加而增加,解吸量的大小顺序为:EDTA>柠檬酸>苹果酸>丙二酸>冰乙酸>酒石酸>草酸。低浓度时,不同有机酸处理解吸量相当,随吸附量的增加,解吸量增加,且差距逐渐增大。

第 4 章 不同 pH 值对土壤重金属铅
形态影响研究

重金属进入土壤后,对植物、动物、微生物形成永久性潜在危害。土壤中重金属的总量是指土壤本身所固有的重金属组成和含量,土壤中重金属总量的测定是评价土壤重金属生物有效性和土壤环境效应的前提,但仅以土壤中重金属的总量并不能很好地预测评估土壤重金属的环境效应及其生物有效性,也不能完全作为评估它们对生物影响的充分标准,其对生物的影响程度也不同,所以有必要研究重金属的不同存在形态。由于土壤组成的复杂性和土壤物理化学性质(pH、Eh 等)的可变性,造成了重金属在土壤环境中的赋存形态的复杂性和多样性。重金属离子在土壤环境中,主要以以下 5 种形态存在:①交换态;②碳酸盐结合态;③铁锰氧化物结合态;④有机物结合态;⑤残渣态。交换态的重金属易被生物利用,碳酸盐结合态、铁锰氧化物结合态及有机物结合态可被生物利用,而残渣态是惰性的,不能被生物利用。本书采用 Tissier 同步提取法(Tessier, 1979),对不同 pH 值条件下重金属 Pb^{2+} 存在形态进行研究。

4.1 试验方法

4.1.1 试验器材及浸提剂

试验器材:50 mL 离心管、25 mL 比色管、加液枪、pHS-3B 型 pH 计、SCR20BC 型离心机、消煮橱、聚四氟乙烯坩埚、振荡器、烘箱、滤纸、AA-6300FG 型原子吸收光谱仪。

试剂:浓硝酸、浓盐酸、氢氟酸、高氯酸、1 mol/L 氯化镁、1 mol/L 醋酸钠(pH = 5)、0.04 mol/L 盐酸羟胺、0.02 mol/L 硝酸、30%过氧化氢(pH = 2)、99%冰乙酸、3.2 mol/L 醋酸氨。

4.1.2 供试土壤

试验土壤同 2.2 节。

4.1.3 试验方法

土壤自然风干,磨碎后过 1 mm 筛,准确称取过筛后土样 400.00 g,置于 500 mL 三角瓶中,摇匀,使之表面水平。以蒸馏水为溶剂,$Pb(NO_3)_2$ 为溶质,配制 Pb^{2+} 浓度分别为 10 mg/L、20 mg/L、50 mg/L、100 mg/L、200 mg/L、300 mg/L、500 mg/L、700 mg/L、1 000 mg/L 的 $Pb(NO_3)_2$ 溶液,用 HCl 和 NaOH 调节溶液 pH 值依次为 3、5、7、9、11(误差±0.05),各取 120 mL 溶液倒入对应的三角瓶内,静置 3 d 使之充分吸附,然后取出土壤,自然风干后,磨碎后过 1 mm 筛,进行重金属 Pb^{2+} 的形态分析。每个处理设 3 次重复。采用 Tissier 同步提取法(Tessier,1979)测定不同存在形态。具体步骤见表4-1。试验后,应用 AA-6300FG 型原子吸收光谱仪进行测定。

表 4-1　Tissier 同步提取法试验步骤

重金属形态		提取方法
步骤 1	交换态	准确称取 1.5 g 土样于离心管中,用加液枪加 1 mol/L 氯化镁 15 mL,室温下连续振荡 1 h,10 000 r/min 条件下离心 10 min,倾倒出上清液于比色管中,并加入 4 滴浓硝酸,摇匀待测;向残留物中加去离子水 5 mL,离心 10 min,弃去上清液,重复洗涤 2 次
步骤 2	碳酸盐结合态	向步骤 1 的残渣内加 1 mol/L 醋酸钠 7.5 mL,室温下连续振荡 5 h,离心 10 min,倾倒出上清液于比色管中,加入 4 滴浓硝酸,摇匀待测;重复上述洗涤过程
步骤 3	铁锰氧化物结合态	向步骤 2 中的残渣内加入 0.04 mol/L 盐酸羟胺 30 mL,在 96 ℃ 中恒温 6 h,此间间断振荡 3 次,10 000 r/min 条件下离心 10 min,倾倒上清液于比色管中,加入 8 滴浓硝酸,摇匀待测;重复上述洗涤过程
步骤 4	有机物结合态	向步骤 3 的残渣内加 0.02 mol/L 硝酸 4.5 mL,30% 过氧化氢 7.5 mL,85 ℃ 条件下加热 2 h,振荡 3 次,再加入 30% 过氧化氢 4.5 mL,85 ℃ 条件下加热 3 h,振荡 3 次,冷却后,用加液枪加 3.2 mol/L 醋酸氨 7.5 mL,连续振荡 30 min,10 000 r/min 条件下离心 10 min,倾倒上清液于比色管中,加入 8 滴浓硝酸,摇匀待测,重复上述洗涤过程
步骤 5	全态	准确称取 0.500 0 g 土样,加入对应的聚四氟乙烯坩埚内,并做两个空白。向坩埚内加入 5 滴蒸馏水,加 10 mL 浓盐酸,加盖置于通风橱内,100 ℃ 条件下加热 2 h,冷却后,加入 5 mL 浓硝酸、5 mL 氢氟酸、5 mL 高氯酸,加盖后在通风橱内 150 ℃ 条件下加热 1.5 h,开盖;在通风橱电热板上 220 ℃ 继续加热,并不时摇动,当加热至有浓厚白烟时,加盖;继续加热 1 h 至消解液为无色或者淡黄色为止,再继续开盖加热除酸,待坩埚内容物为半固体状时,取下冷却(若仍为黑色或者褐色时,加入 3 mL 硝酸、3 mL 氢氟酸、1 mL 高氯酸重复消煮过程);用热水将坩埚内残留物转移至 50 mL 的定容瓶内,按 1% 的比例加入浓硝酸后定容摇匀待测

4.2　计算公式

各形态的计算公式如下:

交换态:

$$S = \frac{C \times 15}{1.5}$$

(4-1)

碳酸盐结合态：

$$S = \frac{C \times 7.5}{1.5} \tag{4-2}$$

铁锰氧化物结合态：

$$S = \frac{C \times 30}{1.5} \tag{4-3}$$

有机物结合态：

$$S = \frac{C \times 24}{1.5} \tag{4-4}$$

式中：S 为各形态的含量，mg/kg；C 为各形态对应的平衡浓度，mg/L。

4.3　结果分析

4.3.1　不同 pH 值下各形态铅含量分析

重金属 Pb^{2+} 各形态随 pH 值的变化如图 4-1 和图 4-2 所示。交换态铅主要通过扩散作用和外层络合作用非专性地吸附在土壤表面，也易与碳酸根等形成不溶性的沉淀而固定在土壤中。由图 4-1（a）可知，交换态含量在各浓度中均随 pH 值的升高呈下降趋势，尤其是 3~5 范围内，减小幅度较大。pH 值为 3~5 范围内，交换态铅含量较大，说明强酸条件下有利于提高土壤中交换态铅含量。弱酸强碱条件下（pH 值 6~11），交换态铅所占比例迅速下降。对比不同浓度间交换态含量可以看出，10 mg/L、20 mg/L、50 mg/L、100 mg/L 的重金属 Pb^{2+} 在 pH 值为 3~5 范围内，其交换态含量较大，而 200~1 000 mg/L 范围内，不同浓度间差别较小。以上可见，pH<7 时，有利于 10~100 mg/L 重金属 Pb^{2+} 交换态含量的增大，有利于重金属 Pb^{2+} 生物有效性的提高。

由图 4-1（b）、（c）可知，碳酸盐结合态和铁锰氧化物结合态在各浓度中均随 pH 值的增加而呈下降趋势，即 pH 值越大越不利于碳酸盐结合态和铁锰氧化物结合态含量的增加。10~100 mg/L 浓度范围内，碳酸盐结合态和铁锰氧化物结合态含量远远大于其他浓度。

有机物结合态主要以配合作用存在于土壤中。由图 4-1（d）可知，有机物结合态在各浓度中均随 pH 值的升高而呈升高趋势，即 pH 值越大，重金属 Pb^{2+} 越向有机物结合态转化。10~100 mg/L 范围内，有机物结合态含量远远大于其他浓度。

由图 4-1（e）可以看出，残渣态在各浓度中随 pH 值的升高略有升高，变化趋势较为平缓，但 200~1 000 mg/L 浓度内，残渣态含量远远大于其他浓度，即重金属 Pb^{2+} 浓度越大越不利于向易吸收的形态转变。

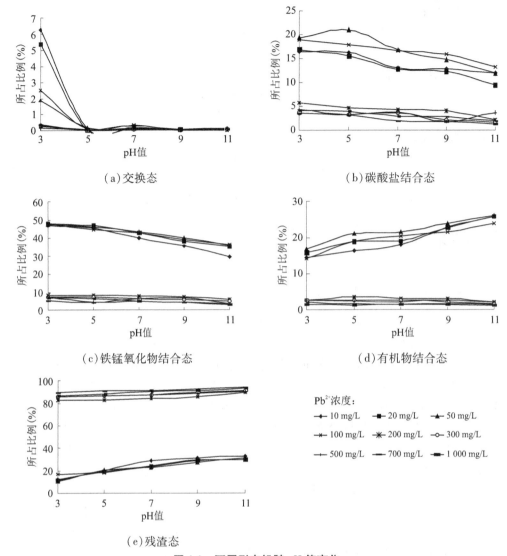

（a）交换态　　　　　　　　　　（b）碳酸盐结合态

（c）铁锰氧化物结合态　　　　　　　（d）有机物结合态

（e）残渣态

图 4-1　不同形态铅随 pH 值变化

不同 pH 值和不同重金属浓度下,各形态铅所占比例对比见图 4-2。分析得出,10～100 mg/L 浓度范围内,不同形态的大小顺序为:铁锰氧化物结合态>残渣态>有机物结合态>碳酸盐结合态>交换态,但 pH=3 时例外,其大小顺序为:铁锰氧化物结合态>碳酸盐结合态>有机物结合态>残渣态>交换态。200～1 000 mg/L 浓度范围内,残渣态远远高于其他形态,铁锰氧化物结合态次之,其他形态较小,交换态最低。以上可见,不同 pH 值作用下,重金属 Pb^{2+} 在低浓度(10～100 mg/L)时主要以铁锰氧化物结合态存在,残渣态含量也相对较高,其中强酸条件下(pH=3),有利于碳酸盐结合态和有机物结合态的提高,而高浓度(200～1 000 mg/L)时主要以不利于作物吸收的残渣态存在,说明重金属 Pb^{2+} 浓度越高越不利于生物有效性的提高。

综上所述,pH<7 时,有利于 10～100 mg/L 重金属 Pb^{2+} 向易吸收的形态转变,有利于

重金属 Pb^{2+} 生物有效性的提高。而重金属 Pb^{2+} 浓度在 200～1 000 mg/L 范围内,无论土壤环境是酸性还是碱性,其存在形态主要为不易被生物吸收的残渣态,即 200～1 000 mg/L 的重金属 Pb^{2+} 生物有效性较低。

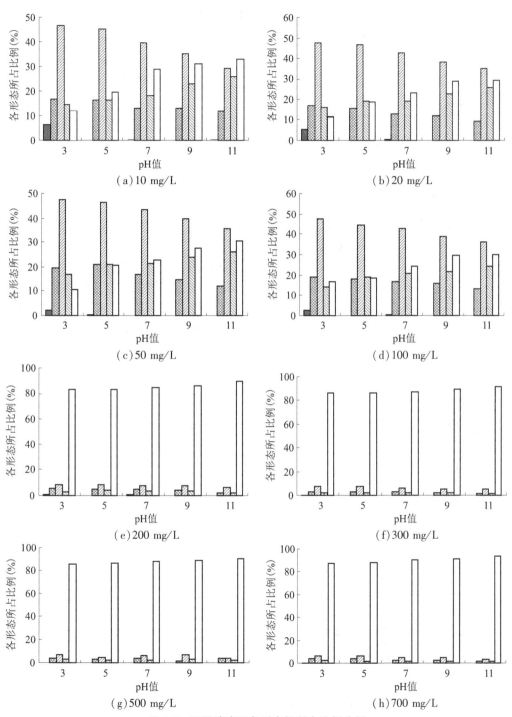

图 4-2　不同浓度下各形态铅所占比例分析

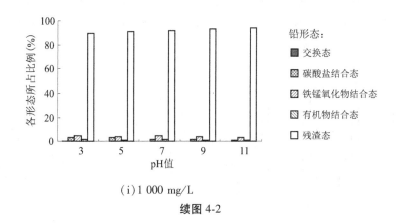

(i)1 000 mg/L

续图 4-2

4.3.2　不同浓度下各形态铅含量分析

不同 pH 值条件下,重金属 Pb^{2+} 各形态随重金属 Pb^{2+} 浓度的变化规律如图 4-3 所示。无论是酸性环境还是碱性环境,重金属 Pb^{2+} 不同形态随浓度的变化分 2 个区间,即 0~100 mg/L 和 200~1 000 mg/L 两个浓度范围。在每个区间内,各形态含量随浓度的增加变幅较小。对比这两个区间内不同形态的含量可知,两区间内各形态所占比例差别较大。0~100 mg/L 范围内,各形态所占比例相当,其中铁锰氧化物结合态最大。而 200~1 000 mg/L 范围内,残渣态与其他形态间差别较大,远远大于其他形态所占的比例,而其他各形态间差别较小。

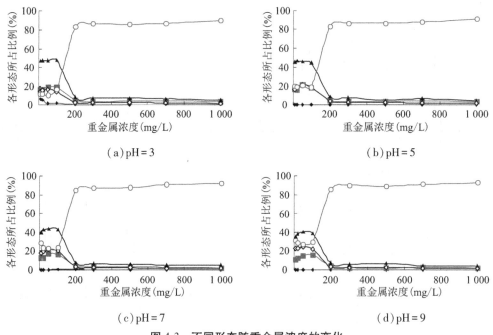

图 4-3　不同形态随重金属浓度的变化

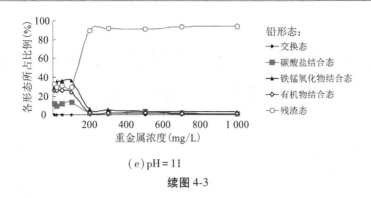

（e）pH＝11

续图 4-3

4.4　小　结

（1）pH<7 时,有利于 10~100 mg/L 重金属 Pb^{2+} 向易吸收的形态转变,有利于重金属 Pb^{2+} 生物有效性的提高。

（2）浓度为 200~1 000 mg/L 的重金属 Pb^{2+} 生物有效性较低。0~100 mg/L 和 200~1 000 mg/L 两个浓度范围内重金属不同浓度对各形态所占比例影响较小。

（3）0~100 mg/L 浓度范围内,铁锰氧化物结合态最大;200~1 000 mg/L 浓度范围内,残渣态远远大于其他形态所占的比例。

（4）不同 pH 值条件下铅形态分析过程中浓度区间分割与以上吸附-解吸研究的划分区间一致,即 0~100 mg/L 和 100~1 000 mg/L 两个区间,可见无论是不同 pH 值条件下的吸附-解吸研究,还是铅存在形态研究,Pb^{2+} 浓度 100 mg/L 为其分界点。

（5）鉴于不同地域、不同母岩发育的不同土壤类型,乃至人为干预形成的土壤背景差异,本章的试验,旨在探索不同 pH 值条件下铅的形态分布,为富集植物修复提供理论支撑。

第5章　基于水培试验的重金属铅修复机理研究

土壤结构、微生物繁殖能力、pH 值等都能影响植物体内重金属铅的吸收和转移,且土壤系统是一个较复杂的微生态系统,影响因素较复杂,变异性较大。为了简化,并且精确、直观地研究控制条件下重金属铅的修复效果,本研究采用水培和土培两种试验,研究不同铅浓度下黑麦草的修复效果及机理,其目的在于对静水体铅污染和土体铅污染做机理探讨,以期为未来的实践修复找到初步的理论依据。

5.1　试验方法

供试作物为黑麦草(泰德,4 倍体),播种前种子用 2% 的乙醇消毒 20 min,然后用去离子水洗净,在 25 ℃ 恒温箱里催芽,待种子萌芽时播到培养钵中(2009 年 2 月 22 日),2009 年 2 月 24 日培养钵中黑麦草出苗,生长 7 d 后(2009 年 3 月 2 日)移栽到营养液中,每 7 d 更换 1 次营养液,营养液配制见表 5-1。每盆中营养液为 2 L,每盆为 5 个穴,每穴中种植 8 棵黑麦草,即每盆中种植 40 棵,试验盆深度为 15 cm,直径为 30 cm,周围刷黑漆。生长 25 d 后(2009 年 3 月 27 日)进行不同浓度 Pb^{2+} 处理,以 $Pb(CH_3COO)_2 \cdot 3H_2O$ 的形式加入,其浓度为:10 mg/L、25 mg/L、50 mg/L、100 mg/L、200 mg/L、400 mg/L、600 mg/L、800 mg/L、1 000 mg/L。不同 Pb^{2+} 浓度处理后第 7 天(2009 年 4 月 3 日)和第 14 天(2009 年 4 月 10 日)取样分析,测定项目包括营养液 pH 值、Pb^{2+} 含量、有机酸种类及浓度、黑麦草株高、干物质量及 Pb^{2+} 含量,其中 pH 值测定采用 PHS-3B 精密 pH 计测定,Pb^{2+} 含量采用原子吸收光度法测定,营养液中有机酸种类及浓度采用高效液相色谱仪测定,有机酸的确定采用外标法,含量的计算采用峰面积法。测定条件为:色谱柱为 XDBC18 反相柱,用过 0.45 μm 膜 pH = 2.7 的重蒸水配制的 15 mmol/L KH_2PO_4 溶液作流动相,流速 1.0 mL/min,柱温 30 ℃,进样量为 10 μL,光照时间为 10 h,室温为 20~30 ℃,光照度为:24~32 klx。因在配置营养液过程中,有部分沉淀,所以配置好营养液后重新测定了营养液中 Pb^{2+} 的浓度,作为营养液原始 Pb^{2+} 浓度。

表 5-1　荷格伦特(Hoagland)营养液配方

1.大量元素:每升培养液中加入的毫升数	KH_2PO_4	1 mol	1 mL
	KNO_3	1 mol	5 mL
	$Ca(NO_3)_2$	1 mol	5 mL
	$MgSO_4$	1 mol	2 mL

续表 5-1

2.微量元素:每升培养液中加入的毫克数	H_3BO_3	2.86	
	$MnCl_2 \cdot 4H_2O$	1.81	
	$ZnSO_4 \cdot 7H_2O$	0.22	
	$CuSO_4 \cdot 5H_2O$	0.08	
	$H_2MoO_4 \cdot H_2O$	0.02	

3.每升培养液中加入 1 mL FeEDTA 溶液(即乙二胺四乙酸铁盐溶液)

5.2　结果分析

5.2.1　不同浓度重金属 Pb^{2+} 对营养液 pH 值调节机制

营养液的 pH 值是非常重要的一个化学性质,关系到众多的化学反应及生物的适应性。研究营养液的 pH 值,对进行重金属修复机理研究有重要的基础意义。

图 5-1 为不同 Pb^{2+} 浓度下黑麦草所生长营养液中 pH 值的变化。初始营养液的 pH 值为 6.5,但随生长时间的推移 pH 值升高,对照处理变为 7.46,较种植之前增加了 14.8%,这是由于营养液的 pH 值在栽培作物过程中会发生一系列的变化,主要取决于营养液中生理酸性盐和生理碱性盐用量及其比例,其中又以氮源和钾源类化合物所引起的生理酸碱性变化最大。使用碱或碱土金属的硝酸盐为氮源均会显出生理碱性而使 pH 值升高,其中 $NaNO_3$ 表现最强,$Ca(NO_3)_2$ 和 KNO_3 较弱。以铵盐为氮源,都会显示出生理酸性而使营养液 pH 值迅速下降。本研究中营养液以 $Ca(NO_3)_2$ 和 KNO_3 为氮源,$Ca(NO_3)_2$ 和 KNO_3 都是生理碱性盐,植物根系优先选择吸收 NO_3^-,而相对地把 Ca^{2+}、K^+ 等阳离子剩余在营养液中,使得营养液显示出生理碱性,进而使得 pH 值升高。另外,钾源盐类在营养液的使用中对溶液 pH 值也有一定的影响,常用 KNO_3、K_2SO_4、KH_2PO_4 作为钾源。KNO_3 为生理碱性,KH_2PO_4 的生理酸碱性不明显,K_2SO_4 为强生理酸性。本研究中采用 KH_2PO_4 为钾源盐类。

由图 5-1 可知,所有处理的 pH 值均较对照处理小。小于 400 mg/L 的范围内,不同 Pb^{2+} 浓度条件下营养液的 pH 值差距较小;大于 400 mg/L 时,处理间差距较大,且 pH 值随浓度的增加而减小,尤其是 600~1 000 mg/L 显著降低。究其原因,可能是受根系分泌有机酸的影响。

方差分析得出,0~400 mg/L 内不同处理在 5% 的置信度内差异不显著,600~1 000 mg/L 内处理显著。pH 值与营养液 Pb^{2+} 浓度呈二次抛物线的关系(见图 5-2),其关系式如下:

$$pH = -2E-06C^2 + 9E-05C + 7.3275 \quad (R^2 = 0.895) \tag{5-1}$$

式中:C 为营养液 Pb^{2+} 浓度,mg/L。

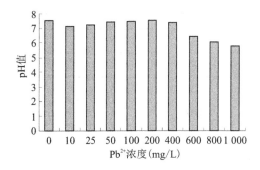

图 5-1　不同浓度 Pb^{2+} 处理条件下营养液 pH 值

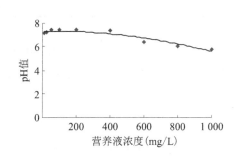

图 5-2　营养液 pH 值与 Pb^{2+} 浓度拟合曲线

5.2.2　不同浓度重金属 Pb^{2+} 诱导黑麦草分泌有机酸

不同浓度重金属 Pb^{2+} 作用下黑麦草分泌有机酸如表 5-2 所示。

表 5-2　不同浓度重金属 Pb^{2+} 作用下黑麦草分泌有机酸　　（单位:g/L）

时段	有机酸	Pb^{2+} 浓度（mg/L）									
		0	10	25	50	100	200	400	600	800	1 000
2009 年 4 月 3 日	草酸	3.12	3.47	3.51	3.42	3.38	3.36	3.37	3.77	4.07	4.10
	冰乙酸								0.55	6.68	14.20
	总有机酸	3.12	3.47	3.51	3.42	3.38	3.36	3.37	4.33	10.75	18.30
2009 年 4 月 10 日	草酸	3.420	3.433	3.429	3.393	3.381	3.438	3.442	3.439	3.499	3.978
	酒石酸	0.468	0.873	0.939	0.983	0.995	1.133	1.151	1.265	1.662	2.114
	苹果酸	0.455	0.457	0.463	0.458	0.473	0.748	1.206	1.538	1.878	2.136
	冰乙酸								0.398	1.076	2.912
	柠檬酸										2.979
	总有机酸	4.343	4.763	4.831	4.834	4.849	5.318	5.799	6.639	8.114	14.119

图 5-3 为有机酸标准曲线,图 5-4 和图 5-5 为 2009 年 4 月 3 日营养液中草酸与总有机酸含量随 Pb^{2+} 浓度的变化图。对照处理的营养液中含有 3.12 g/L 草酸,Pb^{2+} 浓度在 10~200 mg/L 内,处理间草酸含量差距较小,并随浓度的增加有减小的趋势,400~1 000 mg/L 内随浓度的增加有增加的趋势。2009 年 4 月 3 日测定有机酸中除草酸外,还有冰乙酸。Pb^{2+} 浓度 600 mg/L、800 mg/L、1 000 mg/L 中分别含冰乙酸 0.55 g/L、6.68 g/L、14.20 g/L,其他浓度不含冰乙酸。可见,Pb^{2+} 浓度大于 600 mg/L 时黑麦草分泌冰乙酸,且冰乙酸的浓度随 Pb^{2+} 的浓度增加而增大。营养液中总有机酸浓度的分布如图 5-5 所示,Pb^{2+} 浓度在 10~400 mg/L 内,各处理总有机酸量含量差距较小,大于 400 mg/L 时总有机酸的含量较大,其含量随 Pb^{2+} 浓度的增加而增加,且在这个范围内增加的幅度较大。

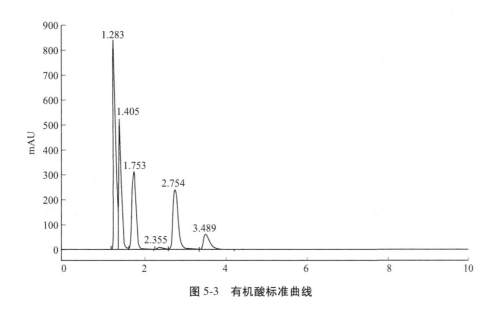

图 5-3　有机酸标准曲线

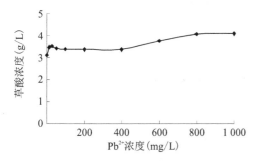

图 5-4　2009 年 4 月 3 日营养液中草酸变化

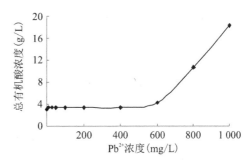

图 5-5　2009 年 4 月 3 日营养液中总有机酸变化

　　图 5-6～图 5-9 分别为 2009 年 4 月 10 日收获时测定草酸、酒石酸、苹果酸和总有机酸。草酸变化规律为,Pb^{2+} 浓度小于 600 mg/L 时,各处理间差距不大,Pb^{2+} 浓度在 800～1 000 mg/L 内增加幅度较大。酒石酸含量随 Pb^{2+} 浓度的增加而增大,大于 400 mg/L 时增加幅度较大。苹果酸在 10～100 mg/L 范围内各处理差距较小,200～1 000 mg/L 范围内增加幅度较大。冰乙酸仅在 600～1 000 mg/L 的浓度范围内存在,Pb^{2+} 浓度为 600 mg/L、800 mg/L、1 000 mg/L 处理中冰乙酸含量分别为 0.40 g/L、1.08 g/L、2.91 g/L。1 000 mg/L 的重金属 Pb^{2+} 刺激黑麦草根系分泌柠檬酸,其浓度为 2.98 g/L。总有机酸浓度随 Pb^{2+} 浓度的增加而增大。

　　图 5-10 为总有机酸和 pH 值的协调变化曲线。由图可知,Pb^{2+} 浓度小于 400 mg/L 时,处理间 pH 值差距较小,大于 400 mg/L 时,随 Pb^{2+} 浓度的增加 pH 值显著降低。总有机酸浓度随营养液中 Pb^{2+} 浓度的增加而增大,但小于 400 mg/L 时,增加的幅度较平缓,处理间差距较小,大于 400 mg/L 时,随 Pb^{2+} 浓度的增加显著增加。可见,营养液中 pH 值的变化受有机酸浓度的影响较大。在此基础上图 5-11 给出了有机酸总量与 pH

值的拟合曲线,拟合方程如式(5-2),两者符合二次抛物线的关系,随有机酸总量的增加 pH 值显著降低。

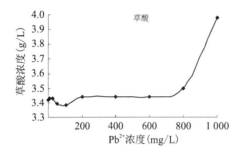

图 5-6　2009 年 4 月 10 日营养液中草酸变化

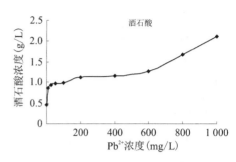

图 5-7　2009 年 4 月 10 日营养液中酒石酸变化

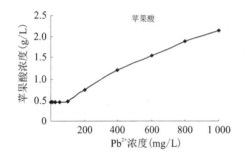

图 5-8　2009 年 4 月 10 日营养液中苹果酸变化

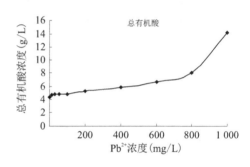

图 5-9　2009 年 4 月 10 日营养液中总有机酸变化

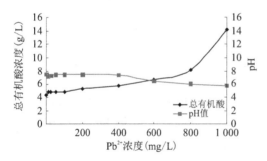

图 5-10　总有机酸与 pH 值协调变化曲线

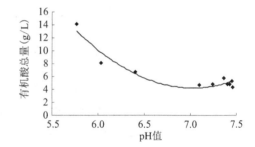

图 5-11　总有机酸与 pH 值拟合曲线

$$y = 5.5547\,pH^2 - 78.041pH + 278.36 \quad (R^2 = 0.923) \tag{5-2}$$

综上所述,随重金属 Pb^{2+} 处理时间的增加,有机酸种类也增加。Pb^{2+} 处理 7 d 后,黑麦草根系分泌有机酸为草酸和冰乙酸两种,但冰乙酸仅出现在 Pb^{2+} 浓度为 600 ~ 1 000 mg/L 的范围内。Pb^{2+} 处理 14 d 后,黑麦草分泌有机酸为草酸、酒石酸、苹果酸、冰乙酸、柠檬酸,但只有 Pb^{2+} 浓度在 600 ~ 1 000 mg/L 范围内黑麦草会分泌冰乙酸,Pb^{2+} 浓度为 1 000 mg/L 时黑麦草分泌柠檬酸。400 mg/L 为有机酸变化的敏感阈值,小于 400 mg/L 时各处理间的差异较小,大于 400 mg/L 时各处理间差距较大,且随浓度的增加有机酸的含量也增大。有机酸浓度为营养液 pH 值变化的主要影响因素之一。

5.2.3　收获后营养液中 Pb^{2+} 的变化和黑麦草富集 Pb^{2+} 的协调关系

图 5-12 为黑麦草生长一段时间后营养液中 Pb^{2+} 的浓度,无论是第一次收获(2009 年 4 月 3 日)还是第二次收获(2009 年 4 月 10 日),营养液中 Pb^{2+} 都有大幅度的降低,第一次处理较第二次处理减少的量多,即第一次 Pb^{2+} 处理黑麦草吸收 Pb^{2+} 的量较第二次多,这是由于随着 Pb^{2+} 胁迫时间的增加,黑麦草吸收的 Pb^{2+} 趋于饱和,吸收量也相应减少。

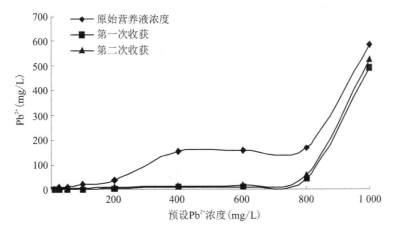

图 5-12　不同浓度 Pb^{2+} 处理后营养液中 Pb^{2+} 浓度

两次不同浓度 Pb^{2+} 处理在 50~400 mg/L 的区间内差别较大,400~800 mg/L 浓度范围内两次差别较小,即在这个区域有更大的吸收空间,但从作物表观现象可见(见附录), Pb^{2+} 浓度为 600~1 000 mg/L 时,重金属 Pb^{2+} 对黑麦草有明显的毒害作用,使得生物量减少,有部分死亡迹象。由处理后营养液中 Pb^{2+} 减少量分布图(见图 5-13)可知,黑麦草吸收重金属 Pb^{2+} 从大于 400 mg/L 开始减少,即吸收重金属 Pb^{2+} 明显的阈值范围为小于 400 mg/L。

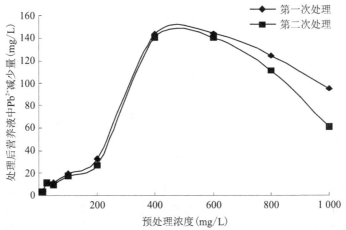

图 5-13　不同浓度 Pb^{2+} 处理后营养液中 Pb^{2+} 浓度

5.2.4　黑麦草株高对不同浓度重金属 Pb^{2+} 胁迫的响应分析

不同浓度 Pb^{2+} 处理对黑麦草生育期内株高的影响如图 5-14 所示，Pb^{2+} 浓度在 10～200 mg/L 内株高的差异不显著，200～1 000 mg/L 内株高显著降低，可见，小于 200 mg/L 的重金属 Pb^{2+} 对株高的影响不大，大于 200 mg/L 时随浓度的增加株高显著减小，对株高的影响增大。

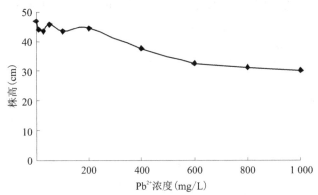

图 5-14　不同浓度 Pb^{2+} 处理后黑麦草株高

从黑麦草株高的角度看，黑麦草修复重金属 Pb^{2+} 水培条件下，其株高增长阈值为 200 mg/L，即 Pb^{2+} 浓度大于 200 mg/L 时不利于黑麦草株高的增加，且对黑麦草具有毒害作用。浓度与株高之间的关系符合指数函数关系，拟合精度较高（见图 5-15）：

$$y = 45.52e^{-0.000\,4x} \qquad (R^2 = 0.943\,9) \tag{5-3}$$

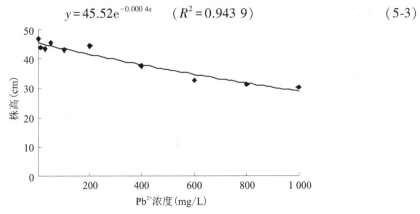

图 5-15　不同浓度 Pb^{2+} 处理后黑麦草株高拟合

5.2.5　黑麦草地上部分干物质量对不同浓度重金属 Pb^{2+} 胁迫的响应分析

不同浓度 Pb^{2+} 处理对黑麦草生育期内地上部分干物质量的影响如图 5-16 所示，Pb^{2+} 浓度在 10～200 mg/L 内地上部分干物质量的差异不显著，200～1 000 mg/L 内地上部分干物质量随重金属 Pb^{2+} 浓度的增加显著降低。即重金属 Pb^{2+} 浓度小于 200 mg/L 时，对地上干物质量的影响不大；大于 200 mg/L 时，对地上干物质量的影响较大。

黑麦草修复重金属 Pb^{2+} 污染的水培条件下，其地上干物质量增长阈值拐点为 200

mg/L,超过该拐点值,不利于黑麦草地上干物质的积累。浓度与株高之间为指数函数关系,拟合精度较高(见图 5-17),拟合结果见下式:

$$y = 0.064\ 3e^{-0.000\ 5x} \qquad (R^2 = 0.866\ 6) \tag{5-4}$$

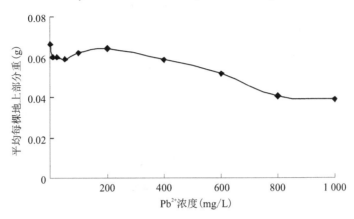

图 5-16　地上部分干物质量

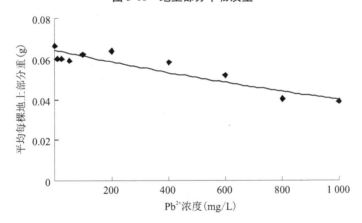

图 5-17　地上干物质量拟合

5.2.6　黑麦草根重对不同浓度重金属 Pb^{2+} 胁迫的响应分析

不同浓度 Pb^{2+} 处理对黑麦草生育期内根系干重的影响如图 5-18 所示,Pb^{2+} 浓度在 10~200 mg/L 内,黑麦草根系干重随浓度的增加而增大;200~800 mg/L 浓度范围内差异不显著。200~800 mg/L 的重金属有利于黑麦草根重的增加,但不同浓度间差别较小。对黑麦草根重分析得出,水培条件下,其根重增长的敏感阈值范围为 10~200 mg/L,之后影响趋于平缓,Pb^{2+} 浓度大于 800 mg/L 后根系生长显著下降。

5.2.7　植株中 Pb^{2+} 含量对营养液中不同浓度重金属 Pb^{2+} 胁迫的响应分析

不同浓度重金属 Pb^{2+} 作用下,黑麦草植株地上部分 Pb^{2+} 含量如图 5-19 所示,黑麦草地上部分 Pb^{2+} 含量随营养液 Pb^{2+} 浓度的增加而增大,但增长梯度随浓度的增加而减小(见表 5-3)。黑麦草根系 Pb^{2+} 含量如图 5-20 所示,黑麦草根系 Pb^{2+} 含量也随营养液 Pb^{2+}

浓度的增加而增大,增长梯度同样随浓度的增加而减小(见表5-3)。

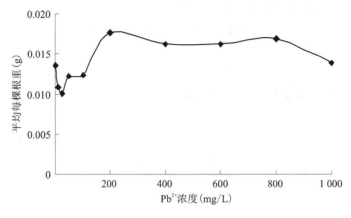

图 5-18　根系干物质量

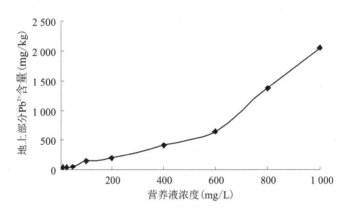

图 5-19　植株地上部分 Pb^{2+} 含量

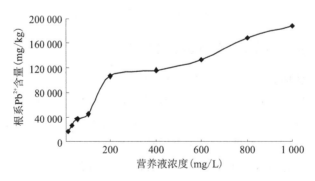

图 5-20　植株根系中 Pb^{2+} 含量

黑麦草耐性指数为重金属不同处理的黑麦草干物质量与对照的比值,能较好地反映植物对重金属的耐性。耐性指数大于0.5时,表明黑麦草对 Pb^{2+} 有较强的耐受性,生长较好。耐性指数小于0.5时,则说明 Pb^{2+} 对黑麦草的毒害作用明显,黑麦草基本难以或不能

生长在这种 Pb^{2+} 浓度的环境中。耐性指数越大,表示黑麦草对 Pb^{2+} 的耐性越大(刘秀梅等,2002)。表 5-3 给出了不同处理条件下黑麦草植株耐性指数,可见,不同处理黑麦草的耐性指数均大于 0.5,表明黑麦草对不同浓度下的重金属 Pb^{2+} 有较强的耐受性。营养液中 Pb^{2+} 浓度小于 200 mg/L 时,耐性指数随营养液中 Pb^{2+} 浓度的增加而增大,大于 200 mg/L 时,随 Pb^{2+} 浓度的增加而减小。试验初步证明,不同浓度对耐性指数影响的敏感阈值为 200 mg/L。

表 5-3　植株中 Pb^{2+} 含量分析

营养液浓度(mg/L)	10	25	50	100	200	400	600	800	1 000
地上部分 Pb^{2+} 含量增长梯度	9.07	3.55	2.21	2.03	1.28	1.16	1.17	1.79	2.11
地下部分 Pb^{2+} 含量增长梯度	1 910.93	1 128.88	785.88	474.81	443.85	295.08	225.37	214.38	190.67
耐性指数	0.887	0.877	0.891	0.931	1.021	0.935	0.851	0.716	0.660

5.3　小　结

(1)本试验结果证明,富集植物黑麦草由于其生物学特性,在含 Pb^{2+} 营养液的生长过程中有自动调节根际环境中 pH 值的功能,黑麦草根系分泌有机酸种类随 Pb^{2+} 处理时间的增加而增多。Pb^{2+} 处理 7 d 后,黑麦草根系分泌有机酸为草酸和冰乙酸两种。Pb^{2+} 处理 14 d 后,黑麦草根系分泌有机酸为草酸、酒石酸、苹果酸、冰乙酸、柠檬酸。营养液 pH 值变化主要受根系有机酸的影响,而且 Pb^{2+} 浓度 400 mg/L 为 pH 值和有机酸变化的敏感阈值拐点。

(2)试验还得出,水培条件下黑麦草修复重金属 Pb^{2+},200 mg/L 为黑麦草生物量的敏感阈值,即 Pb^{2+} 浓度大于 200 mg/L 时不利于黑麦草株高和地上干物质量的增加,但却有利于根系干重的增加,而且在 10~200 mg/L 的浓度范围内,根系干重增长幅度较大。

(3)在黑麦草生长发育期内能吸收部分 Pb^{2+},这和一些学者的研究结果一致。本试验研究结果得出,地上部分和根系 Pb^{2+} 含量,都随营养液中 Pb^{2+} 浓度的增加而增加,但其增加梯度随营养液 Pb^{2+} 浓度的增加而减小。

(4)试验结果表明,400 mg/L 的重金属 Pb^{2+} 浓度为黑麦草分泌有机酸调节根际 pH 值的敏感阈值拐点,而影响黑麦草株高、干物质量和根系耐性指数的阈值拐点为 200 mg/L。

第 6 章　水培条件外源有机酸诱导的黑麦草修复响应特征

如第 5 章试验结果分析,富集植物黑麦草有自动调节根际 pH 值的生物特性,其表征是在不同的 Pb^{2+} 浓度条件下分泌有机酸,进而改变根际微环境,吸收转移 Pb^{2+}。本章的试验是人为加入有机酸,研究外源有机酸诱导时黑麦草的修复响应特征。

6.1　试验材料与方法

本试验设草酸、苹果酸、柠檬酸、冰乙酸、丙二酸、酒石酸和 EDTA 共 7 种有机酸类型,每种有机酸设 5 个浓度水平,分别为 0.1 mmol/L、0.5 mmol/L、1 mmol/L、2 mmol/L、3 mmol/L,以不加任何有机酸为对照,共计 36 个处理,每个处理 3 次重复。

供试植物为黑麦草,采用营养液种植,营养液配方见表 5-1。在预试验研究的基础上,将重金属 Pb^{2+} 浓度设计为 300 mg/L,以 Pb(CH₃COO)₂·3H₂O 的形式加入。试验过程中,黑麦草种子先进行催芽,然后播入到培养钵中。在营养钵中生长 1 周(高度大于 10 cm)后,移入放置 2 L 营养液(含有 300 mg/L Pb^{2+})的小盆中,每盆 5 穴,每穴种植 8 棵黑麦草。生长 25 d 开始进行 EDTA 及其他有机酸处理,1 周换 1 次营养液,共处理 2 次后收获黑麦草。收获时测定营养液 pH 值、有机酸种类和浓度、黑麦草株高、总棵数、地上部干物质量、根系干物质量及地上和根系中重金属 Pb^{2+} 含量等。

6.2　结果与分析

6.2.1　黑麦草地上干物质量对有机酸的响应

将每个处理全部植株的地上部分烘干测定的干物质量如图 6-1 所示。由图可知,不同浓度有机酸处理后地上干物质量均大于对照处理,说明有机酸促进黑麦草地上干物质量的增加,而有机酸不同,其增加量不同,除冰乙酸处理外,各处理地上干物质量的变化趋势均为抛物线形变化,先增大,达到最大值后减小,而冰乙酸处理,地上干物质量随冰乙酸浓度的增加而增大。0.1 mmol/L 酒石酸和 EDTA,0.5 mmol/L 丙二酸、苹果酸和柠檬酸,1 mmol/L 草酸,3 mmol/L 冰乙酸为 0.1~3 mmol/L 范围内不同有机酸处理地上干物质量的最大值。总体分析得出,0.1~2 mmol/L 的丙二酸最有利于黑麦草地上干物质量增加,2~3 mmol/L 范围内冰乙酸最有利于其增加。

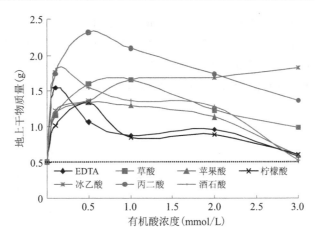

图 6-1　不同有机酸处理地上干物质量

6.2.2　黑麦草根系干重对有机酸的响应

由图 6-2 可知,所有处理根系干重均大于对照处理,即有机酸促进黑麦草根系生长,而有机酸不同,其增加程度不同。与地上干物质量的变化规律一致,即除冰乙酸处理外,各处理根系干重的变化趋势均为抛物线形变化,先增大,达到最大值后减小。而冰乙酸处理,根系干重随冰乙酸浓度的增加而增大。0.1 mmol/L 酒石酸和 EDTA,0.5 mmol/L 草酸、苹果酸、柠檬酸、丙二酸,3 mmol/L 冰乙酸为 0.1~3 mmol/L 范围内不同有机酸处理根系干重的最大值。总体分析得出,0.1~1 mmol/L 范围内,丙二酸最有利于黑麦草根系干重的增加,1~3 mmol/L 范围内,冰乙酸最有利于其增加。

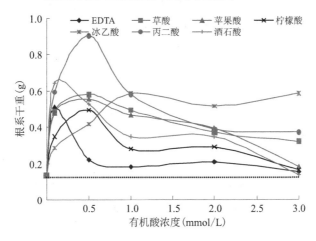

图 6-2　不同有机酸处理根系干重

6.2.3　黑麦草株高对有机酸的响应

不同有机酸处理后黑麦草株高的变化规律如图 6-3 所示,其变化规律均为抛物线形。除 3 mmol/L 的苹果酸和酒石酸限制黑麦草的株高外,其他处理均促进其增加。0.1

mmol/L 酒石酸、EDTA、柠檬酸和苹果酸,0.5 mmol/L 丙二酸,1 mmol/L 冰乙酸和草酸为 0.1~3 mmol/L 范围内不同有机酸处理株高的最大值。总体分析得出,0.1~0.5 mmol/L 的浓度范围内,丙二酸对黑麦草株高的促进作用最明显,1~3 mmol/L 浓度范围内,冰乙酸的作用最大,但不同浓度有机酸对株高的影响程度较小。

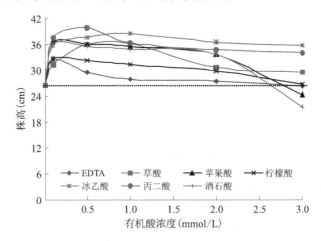

图 6-3 不同有机酸处理株高变化

6.2.4 黑麦草耐性指数对有机酸的响应

黑麦草耐性指数为不同处理干物质量与对照的比值,能较好地反映植物对重金属的耐性,耐性指数越大,表示植物对重金属的耐性越大。不同浓度有机酸作用下植株的耐性指数如表 6-1 所示。可见,不同处理的耐性指数均大于 0.5,说明有机酸的存在促进耐性指数的增加,其中 0.1 mmol/L 的酒石酸、0.5~1 mmol/L 的丙二酸、2~3 mmol/L 的冰乙酸的耐性指数最大。

表 6-1 不同有机酸作用下耐性指数

浓度(mmol/L)	EDTA	草酸	苹果酸	柠檬酸	冰乙酸	丙二酸	酒石酸
0.1	3.198	2.573	2.583	2.130	2.358	3.643	3.808
0.5	2.006	3.411	2.952	2.859	2.778	5.052	3.250
1.0	1.650	3.364	2.756	1.770	3.511	4.184	2.675
2.0	1.814	2.514	2.399	1.836	3.437	3.331	2.554
3.0	1.144	2.046	1.218	1.206	3.768	2.709	1.032

6.2.5 地上部分 Pb^{2+} 含量对有机酸的响应

不同有机酸处理后黑麦草地上部分重金属 Pb^{2+} 含量如图 6-4 所示,因 EDTA 处理地上部分 Pb^{2+} 含量远远大于其他有机酸处理,为使不同有机酸处理间关系更明确,去除 EDTA 处理后的其他有机酸处理地上部分 Pb^{2+} 含量如图 6-4(b) 所示。分析得出,EDTA 处理黑麦草地上部分 Pb^{2+} 含量随 EDTA 浓度的增加而增大,且远远大于其他有机酸处理。

0.1~0.5 mmol/L 的草酸和冰乙酸促进地上部分 Pb^{2+} 含量的增加,其促进作用随有机酸浓度的增加而减小;1~3 mmol/L 的丙二酸、酒石酸、苹果酸和柠檬酸也对其起促进作用,且作用效果随有机酸浓度的增加而增加,其促进效果的大小顺序为:丙二酸>酒石酸>苹果酸>柠檬酸。

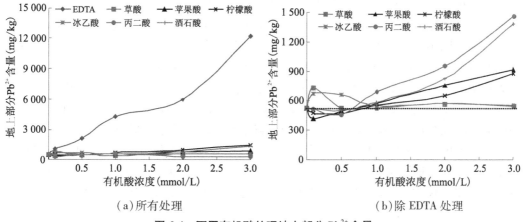

| （a）所有处理 | （b）除 EDTA 处理 |

图 6-4　不同有机酸处理地上部分 Pb^{2+} 含量

6.2.6　根系 Pb^{2+} 含量对有机酸的响应

不同有机酸处理后黑麦草根系 Pb^{2+} 含量如图 6-5 所示,由图可知,0.1~1 mmol/L 浓度范围内,不同有机酸处理根系 Pb^{2+} 含量的变幅较大,即根系 Pb^{2+} 含量对不同有机酸变化的响应较敏感。而 1~3 mmol/L 浓度范围内,酒石酸、草酸、EDTA、柠檬酸和苹果酸处理变幅较小,即不同浓度对其影响不明显,丙二酸和冰乙酸在此范围内变幅相对较大。与对照处理相比得出,丙二酸和冰乙酸促进黑麦草根系吸收重金属 Pb^{2+};0.1~0.5 mmol/L 的酒石酸,草酸和柠檬酸也对其起促进作用。结合地上 Pb^{2+} 含量的分析可以看出,EDTA 有利于黑麦草吸收重金属 Pb^{2+},并促进其向地上部分转移;丙二酸既有利于黑麦草地上

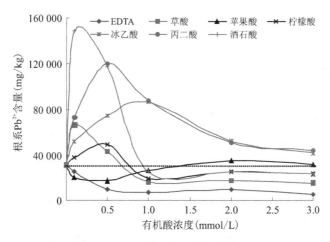

图 6-5　不同有机酸处理根系 Pb^{2+} 含量

部分 Pb^{2+} 含量的增加,也有利于根系 Pb^{2+} 含量的增加;1~3 mmol/L 酒石酸和柠檬酸有利于重金属 Pb^{2+} 向黑麦草地上部分转移;苹果酸对黑麦草根系影响较小。

6.2.7　黑麦草吸收转移重金属 Pb^{2+} 的综合特征

为了更直观地分析黑麦草对 Pb^{2+} 的吸收转移效果,揭示黑麦草对 Pb^{2+} 的吸收量与假设的有机酸诱导机制之间的相关关系,采用重金属提取量(黑麦草收获后植株体 Pb^{2+} 累积量)来表征,不同处理黑麦草对 Pb^{2+} 吸收累积量如图 6-6 所示。由图分析得出,在所设计的浓度范围内,丙二酸的变化规律为抛物线形,其最大值出现在 0.5 mmol/L 处,且为所有处理中最有利于黑麦草转移 Pb^{2+} 的有机酸水平。冰乙酸处理 Pb^{2+} 提取量也为抛物线形,在 1 mmol/L 处达到最大,1~3 mmol/L 范围内,其提取量较其他有机酸处理大。而酒石酸和草酸在 0.1~0.5 mmol/L 浓度范围内,随有机酸浓度的增加提取量减小。有机酸为 0.1 mmol/L 时,酒石酸处理的提取量最大。与对照处理对比分析得出,不同有机酸处理后重金属的吸收量均大于对照处理,说明有机酸促进黑麦草对重金属 Pb^{2+} 的吸收,其中丙二酸和冰乙酸,以及 0.1~0.5 mmol/L 的酒石酸、草酸和柠檬酸作用效果较明显。

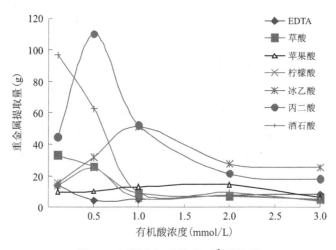

图 6-6　不同有机酸处理 Pb^{2+} 提取量

6.3　小　结

(1)从地上干物质量的角度分析,有机酸促进黑麦草地上干物质量的增加,0.1~2 mmol/L 的丙二酸最有利于黑麦草地上干物质量增加,2~3 mmol/L 范围内冰乙酸最有利于其增加。

(2)从根系干重的角度分析,有机酸促进黑麦草根系生长。根系干重的变化曲线与地上干物质量一致。0.1~1 mmol/L 的丙二酸和 1~3 mmol/L 的冰乙酸对其作用最明显,有效增加了黑麦草根系干重。

(3)从株高的角度分析,大多数有机酸处理均有利于株高的增加。0.1~0.5 mmol/L 浓度范围内,丙二酸对其促进作用最明显,1~3 mmol/L 浓度范围内,冰乙酸的作用最大。

但不同浓度有机酸对株高的影响程度较小。

（4）对根系 Pb^{2+} 含量分析得出，$0.1\sim1$ mmol/L 浓度范围内，根系 Pb^{2+} 含量对不同有机酸变化的响应较敏感。$1\sim3$ mmol/L 浓度范围内，丙二酸和冰乙酸对其影响相对较大。丙二酸和冰乙酸促进黑麦草根系吸收重金属 Pb^{2+}，$0.1\sim0.5$ mmol/L 的酒石酸、草酸和柠檬酸也对其起促进作用。

（5）对地上部分 Pb^{2+} 含量分析得出，EDTA 处理黑麦草地上部分 Pb^{2+} 含量远远大于其他有机酸处理。$0.1\sim0.5$ mmol/L 的草酸和冰乙酸，$1\sim3$ mmol/L 的丙二酸、酒石酸、苹果酸和柠檬酸对其起促进作用。结合根系 Pb^{2+} 含量分析得出，EDTA、$1\sim3$ mmol/L 酒石酸和柠檬酸有利于重金属 Pb^{2+} 向地上部分转移；丙二酸既有利于黑麦草地上部分 Pb^{2+} 含量的增加，也有利于其根系含量的增加。

（6）黑麦草吸收转移分析得出，有机酸促进黑麦草对重金属 Pb^{2+} 的吸收，0.1 mmol/L 时，酒石酸处理提取量最大，0.5 mmol/L 时，丙二酸处理提取量最大。$1\sim3$ mmol/L 范围内，冰乙酸的吸收转移量最大。

（7）对黑麦草耐性指数分析得出，有机酸促进耐性指数的增加，其中 0.1 mmol/L 酒石酸、$0.5\sim1$ mmol/L 丙二酸、$2\sim3$ mmol/L 冰乙酸的耐性指数最大。耐性指数的规律与重金属提取量的规律相一致。

总之，EDTA 有利于重金属 Pb^{2+} 向地上部分转移，但生物量相对较小。$1\sim3$ mmol/L 的丙二酸，酒石酸对地上部分 Pb^{2+} 含量起促进作用，其中丙二酸促进根系 Pb^{2+} 含量增加，酒石酸对重金属 Pb^{2+} 向地上部分转移有促进作用。$1\sim3$ mmol/L 的冰乙酸有利于黑麦草生物量的增加，同时也有利于根系重金属 Pb^{2+} 含量的增加，但对重金属 Pb^{2+} 向地上部分转移的效果不明显。不同浓度有机酸对静水体内重金属 Pb^{2+} 提取量的情况为：有机酸浓度为 0.1 mmol/L 时，酒石酸的吸收累积量最大；0.5 mmol/L 时，丙二酸最大；$1\sim3$ mmol/L 范围内，冰乙酸最大。不同浓度有机酸作用下黑麦草的耐性指数的分布与其一致。

第 7 章　基于土培试验的不同浓度铅污染植物修复机理

7.1　试验材料与方法

重金属 Pb^{2+} 的浓度设计为 100 mg/kg、300 mg/kg、500 mg/kg、1 000 mg/kg,以 $Pb(CH_3COOH)_2 \cdot 3H_2O$(分子量 379.33)的形式加入,以不加 Pb^{2+} 作为对照处理,共计 5 个处理,每个处理 6 次重复。

供试土壤为沙壤土,取自中国农业科学院农田灌溉研究所洪门试验场表层(0~20 cm)土壤,容重 1.39 g/cm³,田间持水量 24%(重量含水率),基本理化性质见表 2-1。土样风干后过 2 mm 筛,施入尿素、磷酸二氢钾、硝酸钾作为底肥,施肥标准为 N 150 mg/kg、P_2O_5 100 mg/kg、K_2O 300 mg/kg。土壤中重金属 Pb^{2+} 的含量为 500 mg/kg,充分混匀后备用。

供试黑麦草品种为泰德(4 倍体)。采用根袋进行盆栽试验,盆钵高 18 cm,直径 13 cm。盆底设置通气孔,通气孔周围覆盖包裹有尼龙纱布的细砾石和粗砂,以防止土粒塞满砂砾空隙。装土前先取配置好的土样 250 g 装入根袋中,再将根袋放入盆钵中装土,装土时分层压实,并使各盆的紧实度保持一致,装土量为每盆 2 kg。土体表面距盆口保持一定距离,以便浇水。盆钵装好后灌水使其充分饱和,等土壤湿度适宜时播种黑麦草种子,出苗后每袋定苗 15 株。黑麦草生长过程中采用称重法每天浇灌去离子水,使土壤湿度达到田间持水量的 70%。分别在黑麦草生长 25 d、40 d 和 50 d 取样。

测定项目:①黑麦草收获后,将根袋土作为根际土,根袋 2 cm 以外土壤作为非根际土,分别测定土壤中有机酸种类、有机酸数量、重金属含量、重金属吸附-解吸特性、重金属存在形态、pH 值、Eh、硝态氮、铵态氮、速效磷、速效钾和 EC;②植物样品分地上部分和地下部分,测定植株株高、干重、重金属含量;③收集根系分泌物,测定其中的有机酸种类及含量,根系分泌有机酸的测定采用原位收集,根际和非根际土壤中有机酸的测定采用蒸馏水浸提。

7.2　结果分析

7.2.1　干物质量和耐性指数对不同浓度 Pb^{2+} 胁迫的响应分析

借鉴禾本科植株和根系的常规分析方法,从不同处理的试验盆中分组各随机抽取 10 株进行分析。图 7-1 给出了不同浓度重金属 Pb^{2+} 处理后 10 棵黑麦草干物质量随时间的变化,各处理干物质量随生长时间的推移而增大。受重金属 Pb^{2+} 的胁迫,不同浓度处理后黑麦草地上干物质量均小于对照处理,且随重金属浓度的增加,地上干物质量减少(见图 7-2),即不同浓度重金属 Pb^{2+} 抑制了黑麦草地上干物质量的增加。各处理较对照处理的减少量如表 7-1 所示,其减少量随 Pb^{2+} 浓度的增加而增大,随生长时间的推移而减小。

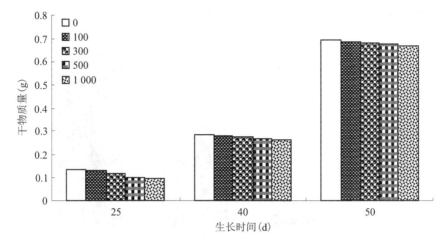

图 7-1　不同浓度 Pb^{2+} 处理地上干物质量随时间的分布

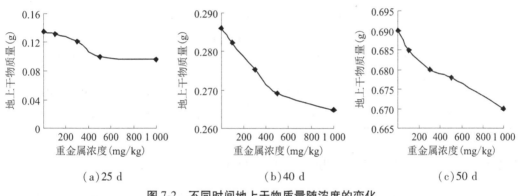

(a)25 d　　　　　　　(b)40 d　　　　　　　(c)50 d

图 7-2　不同时间地上干物质量随浓度的变化

表 7-1　不同处理干物质量较对照处理减少量　　　　　　　　(单位:g)

浓度	生长时间(d)		
(mg/kg)	25	40	50
100	−0.03	−0.01	−0.007
300	−0.10	−0.04	−0.014
500	−0.26	−0.06	−0.017
1 000	−0.29	−0.07	−0.029

　　图 7-3 为不同浓度重金属 Pb^{2+} 作用下 10 棵黑麦草根系干重的分布图,根系干重随生长时间的推移而增大。随重金属 Pb^{2+} 浓度的增加呈抛物线形变化,在 300 mg/kg 时达到最大,且高于对照,其机理有待研究。

　　表 7-2 为不同浓度重金属作用下黑麦草根系的耐性指数,不同生长发育阶段内各处

理的耐性指数均大于 0.5,表明黑麦草对 0~1 000 mg/kg 内的重金属 Pb^{2+} 有较强的耐受性。黑麦草不同生长阶段内,300 mg/kg 处理的耐性指数最大,1 000 mg/kg 处理的耐性指数最小。试验表明,黑麦草对 300 mg/kg 的重金属 Pb^{2+} 有较强的耐性,但过渡到 1 000 mg/kg 浓度时,重金属 Pb^{2+} 对黑麦草的毒害性最明显。

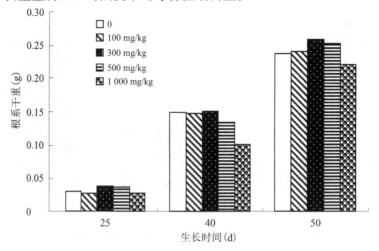

图 7-3　不同浓度 Pb^{2+} 处理根系干重随时间的分布

表 7-2　不同浓度重金属作用下根系的耐性指数

生长时间(d)	25				40				50			
土壤浓度(mg/kg)	100	300	500	1 000	100	300	500	1 000	100	300	500	1 000
耐性指数	0.940	1.276	1.253	0.936	0.988	1.008	0.892	0.677	1.017	1.093	1.068	0.936

7.2.2　株高对不同浓度 Pb^{2+} 胁迫的响应分析

图 7-4 为不同浓度重金属 Pb^{2+} 对株高的影响,不同处理黑麦草株高随 Pb^{2+} 浓度的增加而减小,随生长时间的推移而增大,黑麦草 40~50 d 内株高增加较快。不同处理株高较对照处理小,其减少量随浓度的增加而增大(见表 7-3),随时间的推移而增大,这是由于 Pb^{2+} 浓度越大,对黑麦草的胁迫作用越明显,对株高的影响越严重。

表 7-3　不同处理株高较对照处理减少量　　　　　　　　　(单位:cm)

浓度 (mg/kg)	生长时间(d)		
	25	40	50
100	−0.01	−0.05	−0.07
300	−0.05	−0.06	−0.08
500	−0.08	−0.08	−0.10
1 000	−0.14	−0.11	−0.14

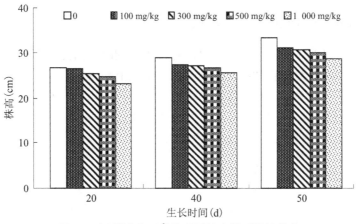

图 7-4 不同浓度 Pb²⁺处理下株高随时间的分布

7.2.3 不同浓度重金属 Pb²⁺诱导黑麦草分泌有机酸

不同浓度重金属 Pb²⁺胁迫下根系分泌有机酸如图 7-5 所示,黑麦草根系分泌的有机酸为草酸、苹果酸、冰乙酸,其中草酸含量随土壤 Pb²⁺浓度的增加而增大,300~500 mg/kg浓度范围内,草酸显著增加,其增幅较大。苹果酸含量也随土壤 Pb²⁺浓度的增加而增大,但 100~1 000 mg/kg 浓度范围内,变幅较小。随 Pb²⁺浓度的增加冰乙酸含量减小,100 mg/kg 的重金属 Pb²⁺对冰乙酸的诱导较大。总有机酸含量也随浓度的增加而增大,因草酸含量较大,苹果酸和冰乙酸的含量较少,使得总有机酸含量变化规律与草酸一致。

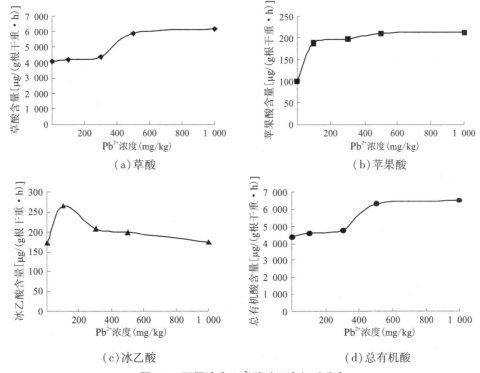

（a）草酸 （b）苹果酸

（c）冰乙酸 （d）总有机酸

图 7-5 不同浓度 Pb²⁺胁迫下有机酸分布

7.2.4　植株 Pb^{2+} 含量和吸收富集系数分析

图 7-6 和图 7-7 为不同浓度重金属 Pb^{2+} 作用下不同时段内黑麦草植株中 Pb^{2+} 含量分布,不同生长时段内根系中的 Pb^{2+} 含量均大于植株地上部分的含量。随土壤 Pb^{2+} 浓度的增加,黑麦草根系和地上部分 Pb^{2+} 含量均增加,随生长时间的推移其含量也均增大,生长 50 d 时地上部分 Pb^{2+} 含量较生长 40 d 的含量显著增加,说明 Pb^{2+} 有向黑麦草地上部分转移的趋势,可见,黑麦草有修复重金属 Pb^{2+} 的潜力。

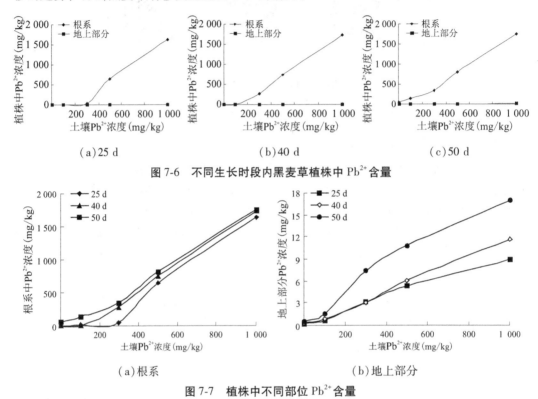

图 7-6　不同生长时段内黑麦草植株中 Pb^{2+} 含量

图 7-7　植株中不同部位 Pb^{2+} 含量

植株中 Pb^{2+} 含量与土壤中 Pb^{2+} 含量有直接关系。图 7-8 和图 7-9 给出不同时段内黑麦草根系和地上部分重金属 Pb^{2+} 含量与土壤中 Pb^{2+} 含量的关系图,均呈线性关系。

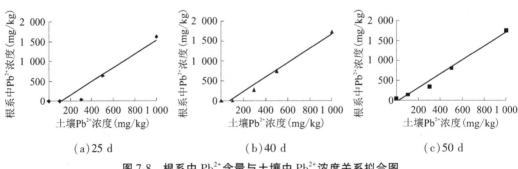

图 7-8　根系中 Pb^{2+} 含量与土壤中 Pb^{2+} 浓度关系拟合图

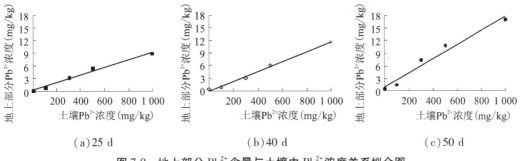

（a）25 d　　　　　　　（b）40 d　　　　　　　（c）50 d

图 7-9　地上部分 Pb^{2+} 含量与土壤中 Pb^{2+} 浓度关系拟合图

不同部位的吸收富集系数,即重金属在黑麦草植株不同部位的浓度与土壤中对应重金属浓度的比值,又称生物浓缩系数、生物浓缩率、生物积累率、生物积累倍数、生物吸收系数等。重金属吸收富集系数可以表征重金属在黑麦草不同部位的积累特征。不同浓度重金属 Pb^{2+} 作用下黑麦草不同部位的吸收富集系数如表 7-4 所示,根系的吸收富集系数较地上部分大,且随生长发育时间的推移,吸收富集系数增大。同一生长时段内,随重金属浓度的增加,根系吸收富集系数有增加的趋势。重金属吸收富集系数越大,重金属在植物体内富集量越多。吸收富集系数大于 1 的植物可作为重金属富集植物,本研究中所选黑麦草在生长 50 d 时不同重金属浓度作用下的吸收富集系数均大于 1,可见,本研究所选黑麦草泰德可作为重金属 Pb^{2+} 的富集植物。

表 7-4　不同浓度 Pb^{2+} 作用下黑麦草不同部位的吸收富集系数

生长时段(d)	25				40				50			
重金属浓度（mg/kg）	100	300	500	1 000	100	300	500	1 000	100	300	500	1 000
根系富集系数	0.063	0.125	1.281	1.629	0.052	0.900	1.488	1.723	1.411	1.133	1.620	1.750
地上部分富集系数	0.007 0	0.010 4	0.010 6	0.008 9	0.008 4	0.010 2	0.012 1	0.011 6	0.015 0	0.024 6	0.021 6	0.017 0

地上部分吸收富集系数随土壤 Pb^{2+} 浓度的增加也有增加的趋势,但1 000 mg/kg 处理的吸收富集系数较小,即1 000 mg/kg 对黑麦草的毒害较严重,影响了黑麦草的正常生长,不利于重金属的吸收富集,可见重金属在植物体内的分布规律是,在新陈代谢旺盛的器官蓄积量较大,而在营养存储器官茎叶中蓄积量则较小。

黑麦草分泌有机酸随土壤重金属 Pb^{2+} 浓度的变化而变化,而植株中 Pb^{2+} 含量与土壤 Pb^{2+} 含量呈很好的线性关系,其总有机酸与根系重金属含量关系如图 7-10 所示,亦呈线性关系。可见,在一定的浓度区间内,根系 Pb^{2+} 含量越大,黑麦草根系分泌有机酸可能越多。

7.2.5　土壤有机酸和 pH 值分析

图 7-11 为根际有机酸分布规律图。由图可知,不同浓度重金属 Pb^{2+} 作用下,黑麦草根系分泌的有机酸包括草酸和苹果酸,随浓度的增加,有机酸的含量增大,100~300 mg/kg

范围内,草酸和苹果酸增加幅度较大,黑麦草为适应重金属胁迫所分泌的有机酸迅猛增多。

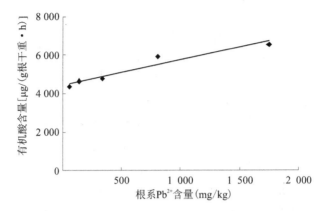

图 7-10　根系 Pb^{2+} 含量与有机酸关系拟合图

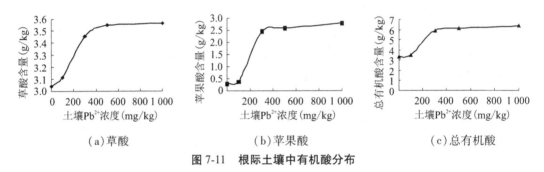

（a）草酸　　　　　　　（b）苹果酸　　　　　　　（c）总有机酸

图 7-11　根际土壤中有机酸分布

图 7-12 为非根际土壤中有机酸分布规律图。不同浓度重金属 Pb^{2+} 作用下,非根际土壤中检测到的有机酸为草酸,随重金属浓度的增加,草酸的含量增大,Pb^{2+} 浓度为 500 mg/kg 和 1 000 mg/kg 的处理中检测到苹果酸的含量为 1.504 g/kg 和 2.517g/kg,即在大浓度范围内非根际土壤中会存在苹果酸。这是由于 Pb^{2+} 浓度越大,根系分泌苹果酸越多,使得根际的苹果酸运移到非根际。

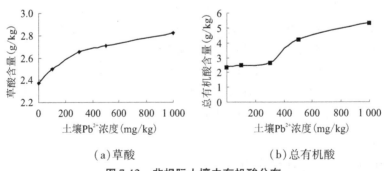

（a）草酸　　　　　　　　　（b）总有机酸

图 7-12　非根际土壤中有机酸分布

图 7-13 为根际和非根际土壤中有机酸分布的对比分析图。无论是草酸还是总有机酸均为根际大于非根际,这是黑麦草在重金属作用下所表现出的生理生化反应的结果。

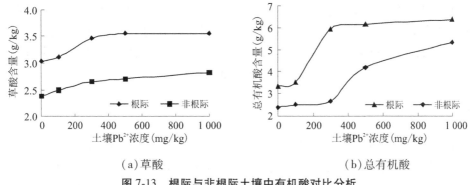

（a）草酸　　　　　　　　　（b）总有机酸

图 7-13　根际与非根际土壤中有机酸对比分析

pH 值是土壤的主要参数,对土壤的许多化学反应和化学过程有很大影响,对土壤中重金属的氧化还原、沉淀溶解、吸附解吸和配合反应等起支配作用。图 7-14 为根际和非根际土壤在不同浓度重金属作用下土壤 pH 值在不同生长时段内的变化,由图可知,根际和非根际土壤 pH 值随黑麦草生长发育时间的推移而降低,随浓度的增加而降低。图 7-15为不同生长时间内根际与非根际土壤 pH 值对比,根际土壤 pH 值较非根际土壤低,尤其是生长 50 d 时,根际与非根际 pH 值差距较大,这是由于随着生长发育时间的推移,黑麦草受重金属胁迫的时间增加,分泌有机酸的量也增多,导致 pH 值变化较大。另外,植物吸收土壤中的重金属阳离子,同时为了保持土壤体系的电荷平衡,向土壤溶液中

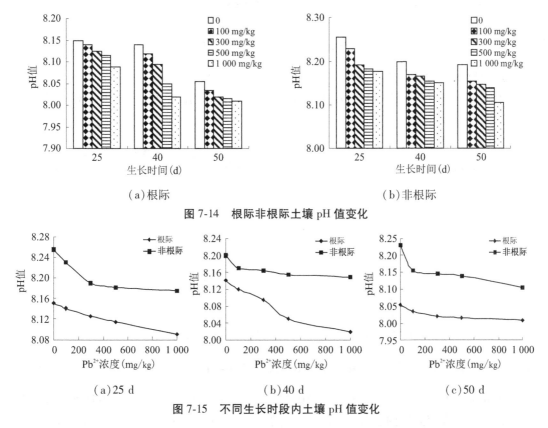

（a）根际　　　　　　　　　　　　　（b）非根际

图 7-14　根际非根际土壤 pH 值变化

（a）25 d　　　　　　　　（b）40 d　　　　　　　　（c）50 d

图 7-15　不同生长时段内土壤 pH 值变化

分泌阳离子 H⁺,使得土壤的 pH 值降低。根据黑麦草植株中 Pb^{2+} 含量分析的结果,一方面,土壤 Pb^{2+} 浓度越大,黑麦草吸收 Pb^{2+} 量越多,因此释放的 H⁺ 也越多,土壤 pH 值就越低。另一方面,黑麦草从土壤中吸收养分,根系就向外分泌酸性分泌物,对根际土壤进行酸化。多种因素导致了根际土壤 pH 值小于非根际。

7.2.6　土壤 Eh 分析

不同生长时间内不同浓度重金属 Pb^{2+} 作用下黑麦草根际与非根际土壤 Eh 的变化如图 7-16 和图 7-17 所示。由图可知,黑麦草生长 25 d、40 d、50 d 根际土壤 Eh 小于非根际(见图 7-16),这是由于根际土壤中根系和微生物的呼吸作用消耗较多的氧气,造成根际土壤 Eh 下降,而非根际土壤受根系影响较小,耗氧量也较根际小,因此非根际的氧化还原电位较根际的大。

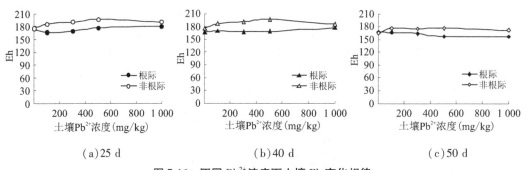

(a)25 d　　　　　　　(b)40 d　　　　　　　(c)50 d

图 7-16　不同 Pb^{2+} 浓度下土壤 Eh 变化规律

随生长发育时间的推移,根际土壤 Eh 减小,但非根际土壤 Eh 在黑麦草生长 25 d 和40 d 时差距较小,50 d 时差距较大,可能是随生长发育时间的推移,根系生长对非根际的影响增大所致。

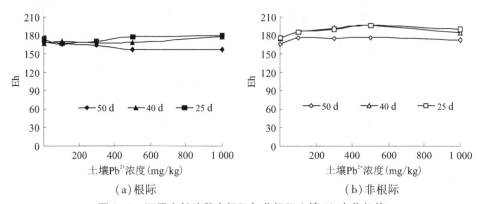

(a)根际　　　　　　　　　　(b)非根际

图 7-17　不同生长阶段内根际与非根际土壤 Eh 变化规律

7.2.7　土壤根际与非根际重金属 Pb^{2+} 含量的再分布

不同浓度 Pb^{2+} 作用下黑麦草生长 50 d 后土壤 Pb^{2+} 浓度的变化如图 7-18 所示,在黑麦草整个生长发育阶段内,根际和非根际土壤中 Pb^{2+} 含量随初始浓度的增加而增大,且

根际土壤 Pb^{2+} 含量均小于非根际,这是黑麦草吸收重金属导致的结果。

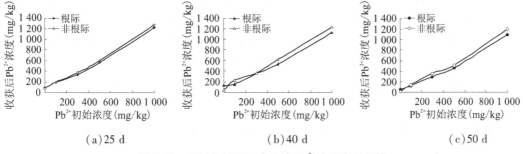

（a）25 d　　　　　　　　（b）40 d　　　　　　　　（c）50 d

图 7-18　不同生长时间内土壤 Pb^{2+} 浓度变化规律

另外,无论是根际还是非根际,土壤中 Pb^{2+} 含量均随生长发育时间的推移而减少(见图 7-19),即生长到 50 d 时土壤中的 Pb^{2+} 浓度最小,这是由于随生长发育时间的推移,黑麦草吸收土壤中重金属 Pb^{2+} 增多,使得土壤中残留量减少。

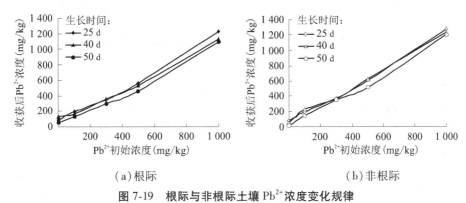

（a）根际　　　　　　　　　　　（b）非根际

图 7-19　根际与非根际土壤 Pb^{2+} 浓度变化规律

7.3　植物和土壤指标分析小结

7.3.1　植物指标分析

黑麦草对小于1 000 mg/kg 范围内的重金属 Pb^{2+} 有较强的耐受性,尤其300 mg/kg 时耐性指数最大,修复效果最好,但土壤重金属 Pb^{2+} 的存在一定程度上限制了黑麦草地上干物质量和株高的增加,重金属浓度越大,其胁迫程度也越大,黑麦草根系的生长,随重金属 Pb^{2+} 浓度的增加呈抛物线形变化,在 300 mg/kg 时达到最大,且高于对照,其机理有待研究。

不同浓度重金属 Pb^{2+} 作用下黑麦草根系分泌的有机酸为草酸、苹果酸、冰乙酸,草酸含量随土壤 Pb^{2+} 浓度的增加而增大,苹果酸含量随土壤 Pb^{2+} 浓度的增加而增大的幅度较草酸小,而冰乙酸含量随土壤 Pb^{2+} 浓度的增加而减小。黑麦草分泌有机酸量与根系重金属含量呈很好的线性关系。

黑麦草植株中 Pb^{2+} 的含量受土壤 Pb^{2+} 浓度直接影响。随生长时间的推移黑麦草根系和地上部分 Pb^{2+} 含量均增加,但根系中的 Pb^{2+} 含量大于地上部分的含量。重金属 Pb^{2+}

有向黑麦草地上部分转移的趋势,黑麦草泰德品系有富集重金属 Pb^{2+} 的潜力。

黑麦草根系的吸收富集系数较地上部分大,且随生长发育时间的推移吸收富集系数增大。同一生长时段内,随 Pb^{2+} 浓度的增加根系吸收富集系数有增加的趋势,黑麦草生长 50 d 时不同 Pb^{2+} 浓度作用下吸收富集系数均大于 1,结合黑麦草株高生长特征得出,黑麦草泰德可作为重金属 Pb^{2+} 的富集植物,而且在生长 40~50 d 时对重金属的修复效果明显。

地上部分吸收富集系数随土壤 Pb^{2+} 浓度的增加有增加的趋势,1 000 mg/kg 对黑麦草的毒害较严重,影响了黑麦草的正常生长。结合根系和地上部分吸收富集系数得出,重金属 Pb^{2+} 在黑麦草新陈代谢旺盛的器官(根系)蓄积量较大,而在营养存储器官茎叶中蓄积量相对较小。

7.3.2 土壤指标分析

在不同浓度重金属 Pb^{2+} 作用下,黑麦草根际检测到的有机酸为草酸和苹果酸,随土壤重金属浓度的增加,有机酸的含量增大,浓度在 100~300 mg/kg 范围内,黑麦草为适应重金属胁迫所分泌的草酸和苹果酸迅速增大。非根际土壤中检测到的有机酸为草酸,随重金属浓度的增加,草酸的含量增大,浓度在 500~1 000 mg/kg 范围内,非根际土壤中会存在苹果酸。

重金属的存在刺激黑麦草根系分泌有机酸,其分泌物以及植株吸收阳离子释放 H^+ 的综合作用使根际土壤 pH 值低于非根际土壤,尤其是生长到 50 d 时,根际与非根际土壤 pH 值差距较大。

根际土壤 Pb^{2+} 浓度小于非根际土壤,黑麦草生长到 50 d 时土壤中的 Pb^{2+} 浓度最小。随生长发育时间的推移,黑麦草吸收土壤 Pb^{2+} 增多,使得土壤中残留量减少。综合土壤指标和作物指标分析得出,黑麦草修复重金属 Pb^{2+} 在浓度 300~500 mg/kg,生长时间为 40~50 d 时,效果最明显。土壤重金属 Pb^{2+} 诱导黑麦草分泌草酸和苹果酸,通过生理机制调节影响根-土系统的各个指标。

7.4 黑麦草生长期内根际非根际土壤重金属 Pb^{2+} 动态吸附-解吸研究

黑麦草土培试验后,土壤对重金属铅的吸附-解吸不同于单纯的土壤对其产生的影响:其一,由于黑麦草的吸收转移,土壤中 Pb^{2+} 含量是随植物的生长在一定时段内递减;其二,黑麦草不同生育阶段,其生物本身特性的抗逆性胁迫所分泌的有机酸,势必会改变根际微生态环境;其三,上述条件下的综合效应,例如微生物活性的改变等。由于观测手段的限制,本研究指的动态是相对的,不是严密的逐时逐日的连续性动态。

为了更深入揭示重金属 Pb^{2+} 的植物修复机理,进行了黑麦草不同生长发育阶段的根际与非根际土壤吸附-解吸特性研究,分别在黑麦草生长 25 d、40 d、50 d 取样进行吸附-解吸试验。其试验器材、试验方法、计算方法均同 2.1 节、2.3 节和 2.4 节。供试土样为不同浓度重金属 Pb^{2+} 作用下种植黑麦草 25 d、40 d、50 d 的根际和非根际土壤。

7.4.1　不同生长发育阶段内根际与非根际土壤吸附量随 Pb^{2+} 初始浓度的变化

7.4.1.1　同一生长发育阶段根际与非根际土壤吸附量随 Pb^{2+} 初始浓度变化的对比分析

黑麦草生长 25 d、40 d、50 d 根际和非根际土壤重金属 Pb^{2+} 的吸附量与 Pb^{2+} 初始浓度的关系如图 7-20 和图 7-21 所示。对比根际与非根际土壤吸附量可以看出,初始浓度相同的条件下,0~200 mg/L 范围内,根际和非根际土壤对重金属 Pb^{2+} 的吸附量相差不大;200~1 000 mg/L 范围内根际土壤的吸附量略高于非根际土壤,且随生长发育时间的推移差距增大。根际土壤对 Pb^{2+} 的吸附量略高于非根际土壤,是由于根际土壤有机酸的含量大于非根际(上文研究结果),并且其他微生态环境与非根际不同,有机酸及其他微生物的影响使得根际土壤吸附量大于非根际。有机酸对其影响的主要原因是:在胶体表面形成吸附力强的金属-配位体复合物;增加表面负电荷而使金属离子的吸附增加;矿物形成过程中,有机酸可使矿物的结构改变,比表面和电荷增加,从而使金属离子的吸附量增大。

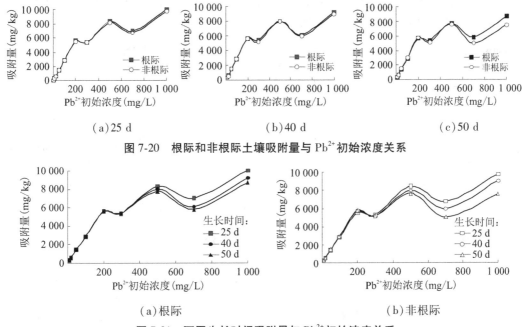

图 7-20　根际和非根际土壤吸附量与 Pb^{2+} 初始浓度关系

图 7-21　不同生长时间吸附量与 Pb^{2+} 初始浓度关系

随初始浓度的增加,根际和非根际土壤对 Pb^{2+} 的吸附量有增加的趋势。0~200 mg/L 范围内,根际和非根际土壤对重金属 Pb^{2+} 的吸附量随初始浓度增加的增幅较大,而 200~1 000 mg/L 范围内增幅相对较小。主要原因是吸附表面存在两类不同的吸附点位,即结合能高的点位与结合能低的点位(Benjamin et al.,1981,1982;Mclaren et al.,1981;Schidler et al.,1987;Zasoski et al.,1988;Ziper et al.,1988),初始浓度较低时,重金属首先被吸附在结合能高的点位上,随着浓度的增加,低结合能点位也开始吸附重金属离子。

7.4.1.2　不同生长时间根际与非根际土壤吸附量随 Pb^{2+} 初始浓度的变化

初始浓度相同的条件下,0~200 mg/L 范围内,黑麦草生长 25 d、40 d、50 d 根际与非

根际土壤重金属 Pb^{2+} 的吸附量较接近;200~1 000 mg/L 时,随黑麦草生长发育时间的推移,根际与非根际土壤重金属 Pb^{2+} 的吸附量不断减少,即吸附量 50 d<40 d<25 d,其原因可能是随黑麦草生长发育时间的推移,有机酸分泌量增加,土壤的 pH 值不断降低(前文7.3.5 节研究结果),pH 值和有机酸是影响土壤吸附重金属的重要因素,有机酸降低土壤对重金属 Pb^{2+} 的吸附量(前文 3.2.1 节),且吸附量随 pH 值的减小而减小(前文 2.5.1 节研究结果)。

7.4.2 不同生长发育阶段内根际与非根际土壤吸附率随 Pb^{2+} 初始浓度的变化

7.4.2.1 同一生长发育阶段根际与非根际土壤吸附率随 Pb^{2+} 初始浓度变化的对比分析

黑麦草生长 25 d、40 d、50 d 根际和非根际土壤重金属 Pb^{2+} 的吸附率与初始浓度的关系如图 7-22 和图 7-23 所示。由图可知,吸附率随初始浓度的增加呈减小的趋势,但 0~200 mg/L 浓度范围内,变幅较小。200~1 000 mg/L 浓度范围内,变幅较大,且随初始浓度的增加变幅增大。在初始浓度相同的条件下,根际土壤的吸附率略高于非根际土壤,随着黑麦草生长发育时间的推移,差距增大。其原因同前。

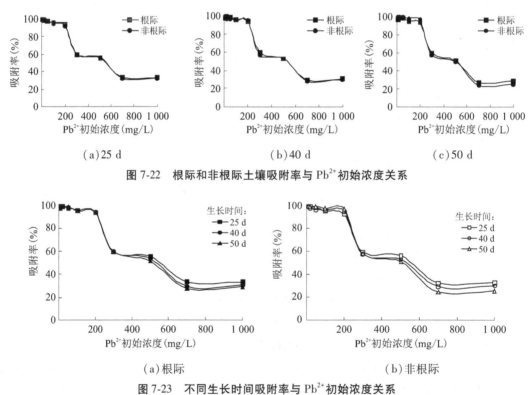

图 7-22　根际和非根际土壤吸附率与 Pb^{2+} 初始浓度关系

图 7-23　不同生长时间吸附率与 Pb^{2+} 初始浓度关系

7.4.2.2 不同生长时间根际与非根际土壤吸附率随 Pb^{2+} 初始浓度的变化

初始浓度在 0~200 mg/L 时,不同生长时间内差距较小,200~1 000 mg/L 时,随黑麦草生长发育时间的推移,吸附率不断降低。

7.4.3　不同生长发育阶段内根际与非根际土壤吸附量随平衡浓度的变化

7.4.3.1　同一生长发育阶段根际与非根际土壤吸附量随平衡浓度变化的对比分析

黑麦草生长25 d、40 d、50 d根际和非根际土壤重金属Pb^{2+}的吸附量与平衡浓度关系如图7-24和图7-25所示。由图可知,吸附量随平衡浓度的增加有增加的趋势,0~100 mg/L范围内,增幅较大;而200~1 000 mg/L范围内,增幅较平缓。平衡浓度为0~200 mg/L时,根际和非根际土壤的吸附量差别较小,随平衡浓度的增加,根际土壤吸附量大于相应浓度下非根际土壤,且差距逐渐增大。

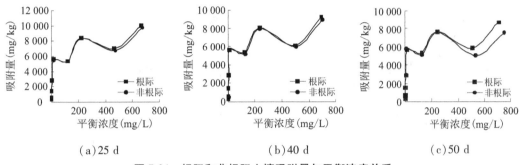

（a）25 d　　　　　（b）40 d　　　　　（c）50 d

图7-24　根际和非根际土壤吸附量与平衡浓度关系

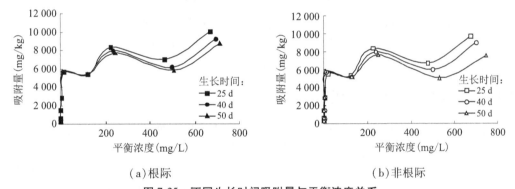

（a）根际　　　　　　　　　　　（b）非根际

图7-25　不同生长时间吸附量与平衡浓度关系

7.4.3.2　不同生长时间根际与非根际土壤吸附量随平衡浓度的变化

随生长发育时间的推移,根际与非根际土壤吸附量减小,且不同时间内差距随平衡浓度的增加而增大。

7.4.4　不同生长发育阶段内根际与非根际土壤吸附率随平衡浓度的变化

7.4.4.1　同一生长发育阶段根际与非根际土壤吸附率随平衡浓度变化的对比分析

黑麦草生长25 d、40 d、50 d根际和非根际土壤重金属Pb^{2+}的吸附率与平衡浓度的关系如图7-26和图7-27所示。由图可知,吸附率随平衡浓度的变化规律与吸附率随初始浓度变化规律一致,即根际和非根际土壤吸附率随着平衡浓度的增加而逐渐减小;在平衡浓度相同的条件下,根际土壤的吸附率略高于非根际土壤,且随着黑麦草生长发育阶段的推移,差距增大。

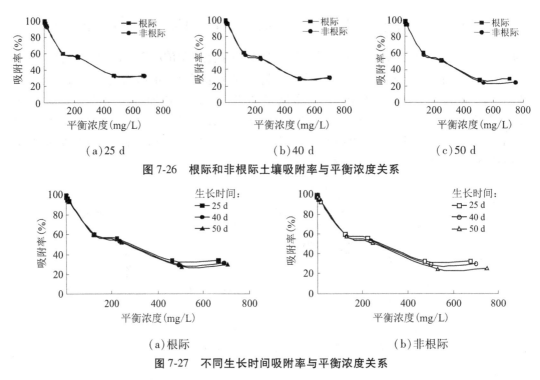

（a）25 d　　　　　　　　（b）40 d　　　　　　　　（c）50 d

图 7-26　根际和非根际土壤吸附率与平衡浓度关系

（a）根际　　　　　　　　　　　　　　　（b）非根际

图 7-27　不同生长时间吸附率与平衡浓度关系

7.4.4.2　不同生长时间根际与非根际土壤吸附率随平衡浓度的变化

不同生长时段内吸附率与平衡浓度间的关系与吸附率随初始浓度的变化规律一致，即黑麦草生长不同时段内，随时间的推移吸附率减小。

7.4.5　根际与非根际土壤吸附等温模拟

本书选用了 Henry、Freundilich、Langmuir 和 Temkin 模型对不同生长发育阶段内根际与非根际土壤重金属 Pb^{2+} 的等温吸附进行模拟，其参数估计见表 7-5。由表可知，根际和非根际土壤 Henry 模型决定系数均小于 0.7，平均相对误差较大，在 1.25～1.34，可见，Henry 模型不适合种植黑麦草后根际和非根际土壤重金属 Pb^{2+} 的等温吸附模拟；Freundilich 模型决定系数在 0.76～0.9，其中 40 d 和 50 d 的非根际土壤决定系数较小。平均相对误差在 0.4～0.69，相对于 Henry 模型较好；Langmuir 模型决定系数均大于 0.9，平均相对误差在 0.21～0.38，较适合根际和非根际土壤的等温吸附模拟；Temkin 模型根际的决定系数在 0.89～0.91，非根际的决定系数在 0.78～0.90，根际平均相对误差介于 0.03～0.25，非根际平均相对误差介于 0.12～0.25，可见，Temkin 模型更适合根际土壤的等温吸附模拟。

综上，从决定系数 R^2 和平均相对误差角度分析，Henry 模型和 Freundilich 模型的模拟效果不理想，Langmuir 模型最适合根际和非根际土壤的等温吸附模拟，Temkin 模型较适合根际土壤的等温吸附模拟。Langmuir 模型和 Temkin 模型的模拟结果见图 7-28～图 7-31。

表 7-5　模型系数的参数估计

土壤类型	时间(d)	模型	模型决定系数		方程系数	标准误差 Se	t 值	p-值	95%置信区间		平均相对误差
根际	25	Henry	0.677	K	2 657.311 1	873.640 1	3.041 7	0.018 8	591.480 8	4 723.141 4	1.25
				a	11.779 8	3.075 8	3.829 8	0.006 5	4.506 7	19.052 8	
		Freundilich	0.895	K	2 008.147 2	531.104 0	3.781 1	0.006 9	752.285 9	3 264.008 5	0.42
				n	0.235 9	0.046 7	5.052 1	0.001 5	0.125 5	0.346 4	
		Langmuir	0.950	a	0.002 4	0.002 7	0.885 0	0.405 6	-0.004 1	0.008 9	0.32
				b	0.000 1	0.000 0	11.468 1	0.000 1	0.000 1	0.000 1	
		Temkin	0.893	K_1	944.215 1	123.591 8	7.639 8	0.000 1	651.967 0	1 236.463 2	0.25
				K_2	11.061 2	8.538 7	1.295 4	0.236 3	-9.129 6	31.252 0	
	40	Henry	0.602	K	2 709.920 4	897.212 9	3.020 4	0.019 4	588.349 3	4 831.491 6	1.30
				a	9.836 1	3.021 9	3.255 0	0.014 0	2.690 5	16.981 8	
		Freundilich	0.842	K	2 078.152 0	587.871 5	3.535 0	0.009 5	688.056 8	3 468.247 1	0.63
				n	0.217 0	0.050 1	4.333 9	0.003 4	0.098 6	0.335 4	
		Langmuir	0.941	a	0.002 2	0.003 5	0.636 1	0.545 0	-0.006 0	0.010 4	0.31
				b	0.000 1	0.000 0	10.589 8	0.000 1	0.000 1	0.000 2	
		Temkin	0.901	K_1	942.883 3	118.169 4	7.979 1	0.000 1	663.457 2	1 222.309 4	0.10
				K_2	7.951 1	5.581 2	1.424 6	0.197 3	-5.246 4	21.148 7	
	50	Henry	0.653	K	2 806.591 9	943.183 4	2.975 7	0.020 6	576.317 6	5 036.866 1	1.34
				a	12.335 3	3.397 3	3.630 9	0.008 4	4.302 0	20.368 6	
		Freundilich	0.855	K	2 365.288 2	615.096 7	3.845 4	0.006 3	910.815 8	3 819.760 6	0.58
				n	0.216 4	0.046 2	4.683 6	0.002 3	0.107 1	0.325 6	
		Langmuir	0.939	a	0.001 9	0.002 9	0.672 8	0.522 7	-0.004 9	0.008 8	0.37
				b	0.000 1	0.000 0	10.409 1	0.000 1	0.000 1	0.000 1	
		Temkin	0.906	K_1	962.094 6	117.467 7	8.190 3	0.000 1	684.327 7	1 239.861 6	0.03
				K_2	16.253 4	11.979 9	1.356 7	0.217 0	-12.074 6	44.581 4	

续表 7-5

土壤类型	时间 (d)	模型	模型决定系数	方程系数		标准误差 Se	t 值	p-值	95%置信区间		平均相对误差
非根际	25	Henry	0.652	K	2 669.005 5	887.859 9	3.006 1	0.019 8	569.550 6	4 768.460 5	1.26
				a	11.178 2	3.083 9	3.624 7	0.008 5	3.885 9	18.470 5	
		Freundilich	0.897	K	2 017.014 2	523.609 7	3.852 1	0.006 3	778.874 1	3 255.154 3	0.40
				n	0.231 6	0.045 9	5.047 9	0.001 5	0.123 1	0.340 0	
		Langmuir	0.949	a	0.002 3	0.002 9	0.804 6	0.447 5	-0.004 5	0.009 2	0.31
				b	0.000 1	0.000 0	11.359 7	0.000 1	0.000 1	0.000 1	
		Temkin	0.896	K_1	903.758 7	116.621 3	7.749 5	0.000 1	627.993 2	1 179.524 1	0.25
				K_2	13.229 7	10.357 5	1.277 3	0.242 2	-11.261 8	37.721 3	
	40	Henry	0.600	K	2 569.363 4	888.368 4	2.892 2	0.023 2	468.706 1	4 670.020 7	1.31
				a	9.563 7	2.949 8	3.242 1	0.014 2	2.588 5	16.538 9	
		Freundilich	0.764	K	1 763.975 4	677.375 5	2.604 1	0.035 2	162.237 1	3 365.713 7	0.69
				n	0.236 1	0.067 6	3.492 4	0.010 1	0.076 2	0.396 0	
		Langmuir	0.930	a	0.003 9	0.003 9	0.993 5	0.353 6	-0.005 3	0.013 1	0.21
				b	0.000 1	0.000 0	9.626 5	0.000 1	0.000 1	0.000 2	
		Temkin	0.781	K_1	930.290 3	186.101 0	4.998 8	0.001 6	490.231 3	1 370.349 3	0.19
				K_2	5.249 4	5.673 4	0.925 3	0.385 6	-8.166 0	18.664 8	
	50	Henry	0.443	K	2 793.797 5	922.428 5	3.028 7	0.019 1	612.601 0	4 974.994 1	1.33
				a	6.808 4	2.885 1	2.359 9	0.050 4	-0.013 7	13.630 4	
		Freundilich	0.760	K	2 408.015 5	667.549 3	3.607 2	0.008 7	829.512 4	3 986.518 6	0.66
				n	0.168 0	0.049 7	3.380 8	0.011 7	0.050 5	0.285 5	
		Langmuir	0.942	a	0.001 4	0.004 5	0.317 6	0.760 0	-0.009 3	0.012 2	0.38
				b	0.000 2	0.000 0	10.628 9	0.000 1	0.000 1	0.000 2	
		Temkin	0.836	K_1	704.008 6	117.793 6	5.976 6	0.000 6	425.471 1	982.546 1	0.12
				K_2	32.340 6	36.358 3	0.889 5	0.403 3	-53.633 2	118.314 3	

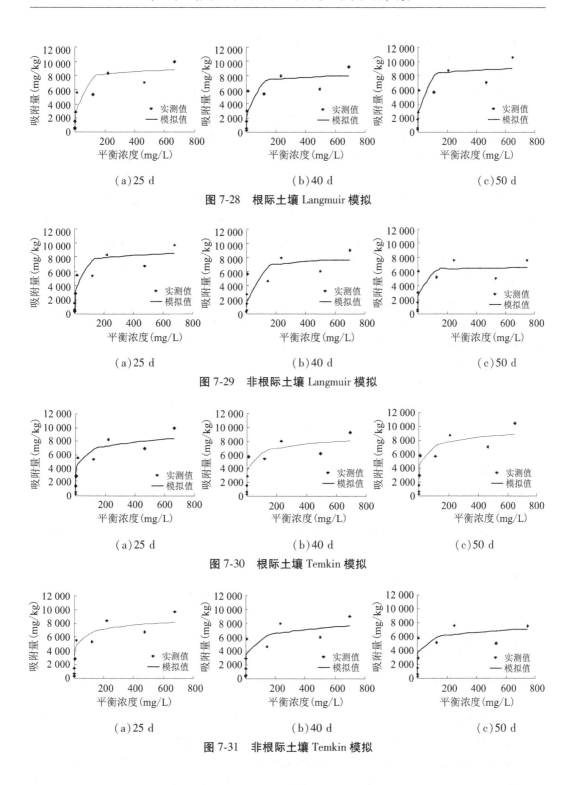

(a) 25 d   (b) 40 d   (c) 50 d

图 7-28 根际土壤 Langmuir 模拟

(a) 25 d   (b) 40 d   (c) 50 d

图 7-29 非根际土壤 Langmuir 模拟

(a) 25 d   (b) 40 d   (c) 50 d

图 7-30 根际土壤 Temkin 模拟

(a) 25 d   (b) 40 d   (c) 50 d

图 7-31 非根际土壤 Temkin 模拟

7.4.6　生长期内根际非根际土壤吸附–解吸小结

对吸附量与 Pb^{2+} 初始浓度的关系分析得出,随初始浓度的增加,根际和非根际土壤对 Pb^{2+} 的吸附量有增加的趋势。0～200 mg/L 范围内,根际和非根际土壤重金属 Pb^{2+} 的吸附量相差不大;200～1 000 mg/L 范围内根际土壤吸附量略高于非根际土壤,且随生长发育时间的推移差距增大;0～200 mg/L 范围内,生长时间对根际与非根际土壤重金属 Pb^{2+} 的吸附量影响较小;200～1 000 mg/L 时,随黑麦草生长发育时间的推移,吸附量不断减少。

对吸附率与 Pb^{2+} 初始浓度的关系分析得出,吸附率随 Pb^{2+} 初始浓度的增加呈减小的趋势,但 0～200 mg/L 浓度范围内,变幅较小;200～1 000 mg/L 范围内,变幅较大。根际土壤的吸附率略高于非根际,随生长发育时间的推移,差距增大。初始浓度在 0～200 mg/L 时,不同生长时间内差距较小;200～1 000 mg/L 时,随着黑麦草生长发育时间的推移,吸附率不断降低。

对吸附量与平衡浓度的关系分析得出,吸附量随平衡浓度的增加有增加的趋势,0～100 mg/L 范围内,增幅较大;而 200～1 000 mg/L 范围内,增幅较平缓。平衡浓度为 0～200 mg/L 时,根际和非根际土壤的吸附量差别不大,随平衡浓度的增加,根际土壤高于相应浓度下非根际土壤,且差距逐渐增大。随生长发育时间的推移,根际与非根际土壤吸附量减小,且不同时间内差距随平衡浓度的增加而增大。

对吸附率与平衡浓度的关系分析得出,根际和非根际土壤吸附率随平衡浓度的增加而逐渐减小;平衡浓度相同的条件下,根际土壤吸附率略高于非根际土壤,且随着黑麦草生长发育阶段的推移,差距增大。

对等温吸附模拟分析得出,Langmuir 模型最适合根际和非根际土壤的等温吸附模拟,Temkin 模型较适合根际土壤的等温吸附模拟。

7.5　种植黑麦草对根际非根际重金属 Pb^{2+} 形态的影响分析

试验方法同 4.1 节,供试土壤为重金属 Pb^{2+} 浓度分别为 0、100 mg/kg、300 mg/kg、500 mg/kg、1 000 mg/kg 土壤种植黑麦草 25 d、40 d、50 d 后根际和非根际土壤。其计算公式同 4.2 节。

7.5.1　根际非根际各形态百分比变化

7.5.1.1　根际各形态百分比变化

1.同一生长时段内不同形态百分比变化

受原土体 Pb^{2+} 浓度差异的影响,根际土壤 Pb^{2+} 的各个形态所占百分比不同,结果见图 7-32。由图 7-32(a)可以看出,黑麦草生长 25 d,土壤 Pb^{2+} 浓度为 100 mg/kg 时,根际土壤中重金属 Pb^{2+} 各形态百分比大小依次为:铁锰氧化物结合态>碳酸盐结合态>残渣态>有机物结合态>交换态,土壤 Pb^{2+} 浓度为 300 mg/kg、500 mg/kg 和 1 000 mg/kg 时,各形态百分比大小依次为:铁锰氧化物结合态>碳酸盐结合态>有机物结合态>残渣态>交换态。

即随土壤Pb^{2+}浓度的增加,有向有机物结合态转移的趋势。不同Pb^{2+}浓度下,交换态百分比均小于2%。交换态、碳酸盐结合态、铁锰氧化物结合态百分比均随土壤Pb^{2+}浓度增大呈增加趋势,但交换态的增加幅度较小,这与Ramos(1994)和Lena(1997)等研究认为Pb^{2+}各形态的含量与其总量有关,随总量的增加而增加的结果一致。可见,黑麦草生长25 d后根际土壤重金属Pb^{2+}主要以铁锰氧化物结合态为主,且随总量的增加而增加(王新 等,2003);不同重金属Pb^{2+}浓度下,有机物结合态和残渣态随重金属Pb^{2+}浓度的增加有减小的趋势,其中有机物结合态减小幅度较小,而残渣态减小幅度较大。

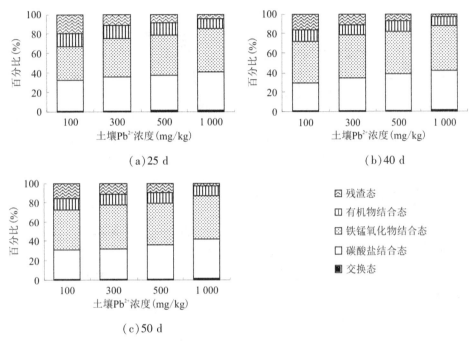

图 7-32 根际不同形态百分比随土壤 Pb^{2+} 浓度变化

由图 7-32(b)可以看出,黑麦草生长 40 d,土壤 Pb^{2+} 浓度为 100 mg/kg 和 300 mg/kg 时,根际土壤中各形态 Pb^{2+} 百分比大小依次为:铁锰氧化物结合态>碳酸盐结合态>残渣态>有机物结合态>交换态;土壤 Pb^{2+} 浓度为 500 mg/kg 和 1 000 mg/kg 时,其大小依次为:铁锰氧化物结合态>碳酸盐结合态>有机物结合态>残渣态>交换态。各形态随土壤重金属 Pb^{2+} 浓度的增加而变化的规律与生长 25 d 时一致,即交换态、碳酸盐结合态和铁锰氧化物结合态百分比均随土壤 Pb^{2+} 浓度增大呈增加趋势,有机物结合态和残渣态百分比随 Pb^{2+} 浓度增大呈降低趋势。

由图 7-32(c)可以看出,黑麦草生长 50 d,根际土壤中各形态 Pb^{2+} 百分比随土壤 Pb^{2+} 浓度变化的趋势与生长 40 d 时一致。

综上所述,根际土壤中重金属 Pb^{2+} 的主要存在形态为铁锰氧化物结合态和碳酸盐结合态,其中铁锰氧化物结合态所占百分比在 42.5% 左右,碳酸盐结合态所占百分比在 35.3% 左右;其次为残渣态和有机物结合态;交换态最少,百分比均小于 2%。交换态、碳酸盐结合态和铁锰氧化物结合态百分比均随土壤 Pb^{2+} 浓度增大呈增加趋势,有机物结合态和残渣态百分比随 Pb^{2+} 浓度增大呈降低趋势。

2.不同时间同一形态百分比变化

根际土壤中重金属 Pb^{2+} 同一形态百分比随生长发育时间的变化见图 7-33。由图可见,交换态和铁锰氧化物结合态百分比随生长时间推移而增大,碳酸盐结合态、有机物结合态和残渣态百分比随生长时间推移而减小。可见,随生长发育时间的推移,重金属 Pb^{2+} 向交换态和铁锰氧化物结合态转变。

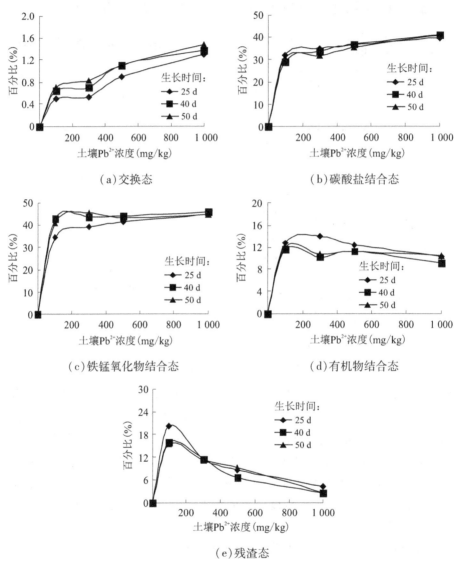

图 7-33　根际各形态百分比随生长时间的变化

7.5.1.2　非根际各形态百分比变化

1.同一时间不同形态百分比变化

非根际不同形态百分比随土壤 Pb^{2+} 浓度变化情况见图 7-34。由图 7-34(a)可以看出,黑麦草生长25 d,土壤Pb^{2+}浓度为100 mg/kg和300 mg/kg时,非根际土壤中各形态Pb^{2+}百分比大小依次为:铁锰氧化物结合态>碳酸盐结合态>残渣态>有机物结合态>交换态;土壤Pb^{2+}浓度为500 mg/kg和1 000 mg/kg时,非根际土壤中各形态Pb^{2+}百分比大小依次为:铁锰氧化物结合态>碳酸盐结合态>有机物结合态>残渣态>交换态。不同土壤Pb^{2+}浓度条件下,交换态百分比均小于2%,且随土壤Pb^{2+}浓度增大呈增加趋势,与根际交换态百分比变化规律一致;碳酸盐结合态和铁锰氧化物结合态所占百分比随土壤Pb^{2+}浓度的增大而增加,有机物结合态百分比在11.27%~12.62%,变化幅度较小;残渣态百分比随土壤Pb^{2+}浓度增加而降低。

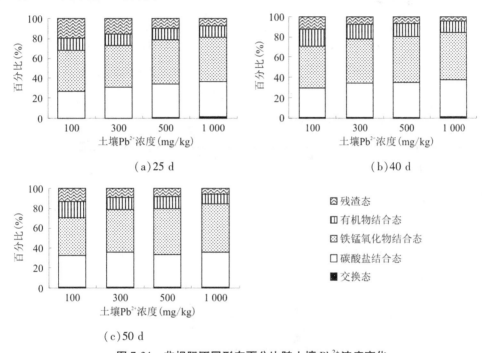

(a) 25 d

(b) 40 d

(c) 50 d

图7-34 非根际不同形态百分比随土壤Pb^{2+}浓度变化

黑麦草生长40 d和50 d时,不同土壤Pb^{2+}浓度条件下,非根际土壤中各形态Pb^{2+}百分比依次为:铁锰氧化物结合态>碳酸盐结合态>有机物结合态>残渣态>交换态。各形态随浓度变化规律基本与生长时段为25 d时一致。交换态、碳酸盐结合态和铁锰氧化物结合态百分比均随土壤Pb^{2+}浓度增大呈增加趋势;有机物结合态和残渣态百分比均随土壤Pb^{2+}浓度增大呈降低趋势。

综上所述,非根际土壤中Pb^{2+}的主要存在形态为铁锰氧化物结合态和碳酸盐结合态,其中,铁锰氧化物结合态所占百分比在43.6%左右,碳酸盐结合态所占百分比在33.03%左右,均随土壤中Pb^{2+}浓度的增加而增大;其次为残渣态和有机物结合态,均随土壤Pb^{2+}浓度的增加而减小;交换态最少,均小于2%,随土壤Pb^{2+}浓度增加而增大。

2.不同时间同一形态百分比变化

非根际土壤中同一形态Pb^{2+}百分比随生长发育时间的变化如图7-35所示。可以看出,交换态和残渣态百分比随黑麦草生长发育时间的推移而减小;碳酸盐结合态百分比随生长时间的推移而略有增大;铁锰氧化物结合态百分比随生长时间的推移变化较小;黑麦草生长 40 d 时有机物结合态百分比最高,即随生长发育时间的推移有向有机物结合态转化。

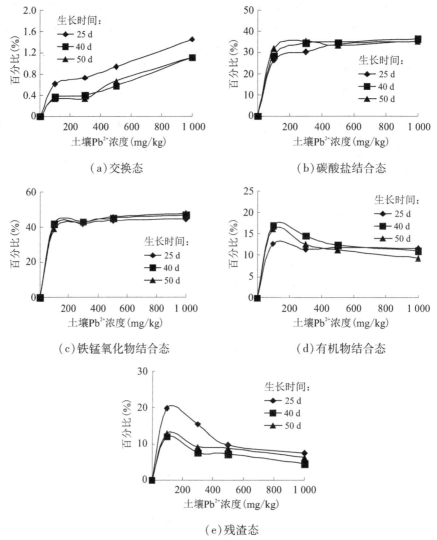

（a）交换态　　　　　　　　　　　　　　　（b）碳酸盐结合态

（c）铁锰氧化物结合态　　　　　　　　　　（d）有机物结合态

（e）残渣态

图 7-35　非根际各形态百分比随生长时间的变化

7.5.2　根际与非根际重金属 Pb^{2+} 存在形态比较

受根系分泌物和根际微生态环境变化的影响,重金属在根际和非根际环境中各形态的含量和分布有所差异。收获时测定根际与非根际土壤中重金属 Pb^{2+} 形态百分比变化情况见图 7-36。不同土壤 Pb^{2+} 浓度条件下,根际交换态百分比均高于非根际,由前文中的分析可知,根系分泌的有机酸以及根际微生物对根际 pH 值有一定的影响,交换态随 pH 值降低而增大(前文 4.3.1 节研究结果),从而导致根际交换态百分比高于非根际。低浓度(100 mg/kg 和 300 mg/kg)时,非根际碳酸盐结合态百分比略高于根际;高浓度(500

mg/kg 和 1 000 mg/kg)时,根际碳酸盐结合态百分比高于非根际。铁锰氧化物结合态百分比与碳酸盐结合态百分比变化规律相反。非根际有机物结合态百分比高于根际,根际残渣态百分比均高于非根际。

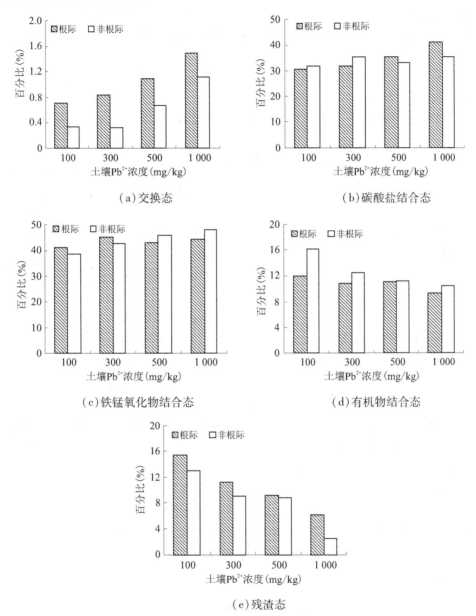

（a）交换态　　　　　　（b）碳酸盐结合态

（c）铁锰氧化物结合态　　　（d）有机物结合态

（e）残渣态

图 7-36　根际与非根际各形态百分比随土壤 Pb^{2+} 浓度变化

可见,根际环境有利于重金属 Pb^{2+} 交换态所占比例的提高。高浓度时,根际环境有利于重金属 Pb^{2+} 向较易吸收的碳酸盐结合态转变,而低浓度时,根际环境有利于向铁锰氧化物结合态转变。

7.5.3 根际非根际 Pb^{2+} 生物有效性系数

在重金属各个存在形态中,交换态和碳酸盐结合态金属易被植物吸收,铁锰氧化物结合态在还原条件下具有较高的生物有效性,而有机物结合态则在氧化条件下具有较高的生物有效性。重金属生物有效性可以用系数 K 来表示,其计算公式为:

$$K = (交换态 + 碳酸盐结合态) / 全量$$

黑麦草不同生长时期根际与非根际重金属 Pb^{2+} 生物有效性系数变化见图 7-37。不同生长时期根际 Pb^{2+} 生物有效性系数均随土壤 Pb^{2+} 浓度增大呈增加趋势,但增幅较小。不同土壤 Pb^{2+} 浓度条件下,生物有效性系数随生长时间的推移有增加的趋势。

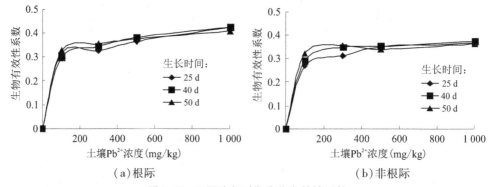

图 7-37 不同生长时期生物有效性系数

非根际 Pb^{2+} 生物有效性系数均随土壤 Pb^{2+} 浓度增加而增大,但增长幅度较根际小得多,土壤 Pb^{2+} 浓度为 $100 \sim 300$ mg/kg 时,生物有效性系数随生长时间的推移而增大;$500 \sim 1\,000$ mg/kg 时,不同生长期的生物有效性系数相当,均在 0.36 左右。可见,不同 Pb^{2+} 浓度对非根际土壤 Pb^{2+} 生物有效性系数影响极小。

综上,不同生长时期根际与非根际 Pb^{2+} 生物有效性系数均随土壤 Pb^{2+} 浓度增大呈增加的趋势,但非根际的增加幅度相对较小。随生长发育时间的推移而增大,但 $600 \sim 1\,000$ mg/kg 范围内,生长时间对非根际 Pb^{2+} 生物有效性系数影响较小。

黑麦草收获时根际与非根际生物有效性系数对比见图 7-38。不同土壤 Pb^{2+} 浓度条件下,根际 Pb^{2+} 生物有效性系数均高于非根际,不同浓度其增幅分别为 17.73%、15.47%、11.36% 和 12.80%,即增幅随土壤浓度的增加有减小的趋势,这是由于根系分泌物及根际微生物等根际微生态环境活化土壤重金属,促进其生物有效性。

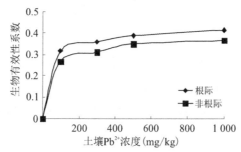

图 7-38 根际与非根际生物有效性系数

7.5.4　小　结

对根际与非根际土壤中重金属 Pb^{2+} 存在形态分析得出,根际与非根际土壤中重金属 Pb^{2+} 的主要存在形态为铁锰氧化物结合态和碳酸盐结合态,其次为残渣态和有机物结合态,交换态最少。交换态、碳酸盐结合态和铁锰氧化物结合态百分比均随土壤 Pb^{2+} 浓度增大呈增加趋势;有机物结合态和残渣态百分比随 Pb^{2+} 浓度增大呈降低趋势。

通过对不同形态重金属 Pb^{2+} 随黑麦草生长发育时间的变化分析得出,交换态和铁锰氧化物结合态百分比随生长时间推移而增大,碳酸盐结合态、有机物结合态和残渣态百分比随生长时间推移而减小。但对于非根际土壤交换态和残渣态百分比随黑麦草生长发育时间的推移而减小;碳酸盐结合态百分比随生长时间的推移而略有增大;铁锰氧化物结合态百分比随生长时间的推移变化较小,随生长发育时间的推移有向有机物结合态转化。

根际环境有利于重金属 Pb^{2+} 交换态所占比例的提高,且高浓度时,根际环境也有利于重金属 Pb^{2+} 向较易吸收的碳酸盐结合态转变。而低浓度时,根际环境有利于向铁锰氧化物结合态转变。

不同生长时期根际与非根际 Pb^{2+} 生物有效性系数均随土壤 Pb^{2+} 浓度增大呈增加的趋势,但非根际的增加幅度相对较小。随生长发育时间的推移而增大。生长时间对 $600 \sim 1\ 000$ mg/kg 浓度范围内非根际土壤中 Pb^{2+} 生物有效性系数影响较小。

受根系分泌物及微生物等微生态环境的影响,不同土壤 Pb^{2+} 浓度条件下,根际 Pb^{2+} 生物有效性系数均高于非根际,且增幅随土壤浓度的增加而减小。

第8章　土培条件外源有机酸诱导的黑麦草修复响应特征

8.1　试验材料与方法

　　试验设草酸、苹果酸、冰乙酸、丙二酸、酒石酸和 EDTA 共 6 种有机酸类型,针对每种有机酸设 5 个浓度水平,分别为 1 mmol/kg、3 mmol/kg、5 mmol/kg、6 mmol/kg、7 mmol/kg,以不加任何有机酸为对照,共计 31 个处理,每个处理 3 次重复。

　　试验材料与方法同 7.1 节。土壤中重金属 Pb^{2+} 的含量为 500 mg/kg。黑麦草播种后 30 d 进行处理,分别按设计处理加入有机酸,50 d 后收获。

　　测定项目:①黑麦草收获后,将根袋土壤作为根际土,根袋 2 cm 以外土壤作为非根际土,分别测定土壤中重金属含量、土壤硝态氮、铵态氮、速效磷、速效钾、EC、pH 值和 Eh;②植物样分地上部分和地下部分,测定植株株高、干重、重金属含量;③收集根系分泌物,测定其中的有机酸种类及含量。

8.2　结果分析

8.2.1　黑麦草干物质量和耐性指数对有机酸的响应

　　图 8-1 为不同有机酸作用下 10 棵黑麦草地上干物质量变化规律,由图可以看出,有机酸促进黑麦草地上干物质量的增加,其中冰乙酸的促进作用最明显,其次为草酸,然后是酒石酸。不同有机酸浓度对其影响不明显。草酸和酒石酸处理地上干物质量随有机酸的变化规律一致,即随有机酸浓度的增加其值增大,5 mmol/kg 时达到最大,其后逐渐减小,即 5 mmol/kg 为极大值点。而地上干物质量随冰乙酸浓度的增加有减小的趋势。

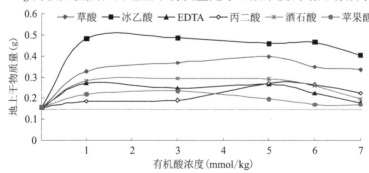

图 8-1　有机酸作用下黑麦草地上干物质量

　　图 8-2 为不同有机酸作用下 10 棵黑麦草根系干重变化规律,由图可知,有机酸促进黑麦草根系干重的增加。相同浓度不同有机酸黑麦草根系干重的变化规律为:草酸<冰乙酸<EDTA<苹果酸<丙二酸<酒石酸,即酒石酸最有利于根系干重的增加,其次为丙二酸和苹果酸。

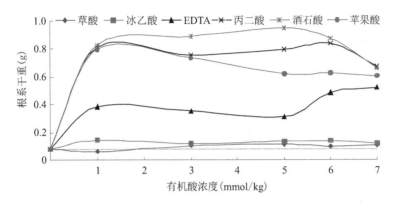

图 8-2　有机酸作用下黑麦草根系干重

　　表 8-1 为不同浓度有机酸作用下黑麦草植株的耐性指数,由表可以看出,不同处理黑麦草对 Pb^{2+} 的耐性指数均大于 0.5,说明有机酸的存在增加了黑麦草对 Pb^{2+} 的耐受性。不同有机酸对重金属 Pb^{2+} 的耐性指数表现为:有机酸浓度在 1~3 mmol/kg 范围内时,酒石酸>苹果酸>丙二酸;有机酸浓度在 5~7 mmol/kg 范围内时,酒石酸>丙二酸>苹果酸。

表 8-1　不同有机酸条件下黑麦草植株耐性指数

有机酸种类	有机酸浓度（mmol/kg）				
	1	3	5	6	7
草酸	1.620	1.975	2.129	1.846	1.856
冰乙酸	2.623	2.514	2.475	2.511	2.183
EDTA	2.722	2.488	2.404	2.943	2.896
丙二酸	4.135	3.931	4.439	4.578	3.721
酒石酸	4.615	4.913	5.130	4.714	3.761
苹果酸	4.205	4.034	3.392	3.301	3.223

8.2.2　黑麦草株高对有机酸的响应

　　图 8-3 为不同浓度有机酸作用下黑麦草株高的变化曲线,由图可知,酒石酸、丙二酸、苹果酸、冰乙酸(5 mmol/kg 除外),有利于 500 mg/kg 重金属 Pb^{2+} 作用下黑麦草株高的增加,其他处理对其的影响较小。总体上,虽然不同有机酸之间有差别,但差别较小,即不同浓度有机酸对黑麦草株高的影响不明显。

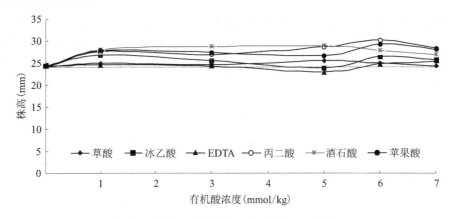

图 8-3　不同有机酸作用下黑麦草株高变化

8.2.3　黑麦草根系分泌有机酸

不同有机酸作用下,通过原位收集到黑麦草根系分泌的有机酸主要为草酸、酒石酸和苹果酸。酒石酸、1~3 mmol/kg 的苹果酸和 6~7 mmol/kg 的丙二酸对 500 mg/kg 重金属 Pb^{2+} 胁迫下的黑麦草根系分泌草酸有一定的促进作用,其中不同浓度酒石酸的促进作用最大(见图 8-4、表 8-2)。

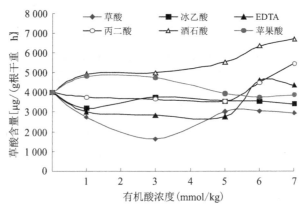

图 8-4　不同有机酸作用下黑麦草根系分泌草酸

不同浓度有机酸处理后,仅 EDTA 处理黑麦草根系分泌酒石酸,其他处理均检测不到酒石酸,所分泌的酒石酸含量随 EDTA 浓度的增加而增大,6 mmol/kg 达到最大,其后随 EDTA 浓度的增加而减小。

不同处理根系分泌苹果酸的规律为:苹果酸浓度随 EDTA 和草酸浓度的增加而减小,但 EDTA 为 7 mmol/kg 时检测不到苹果酸,根系分泌苹果酸随加入冰乙酸、丙二酸和酒石酸浓度的增加而增大。对于苹果酸处理,3 mmol/kg 时所分泌的苹果酸最大,6~7 mmol/kg 范围内检测不到苹果酸。对照处理苹果酸根分泌速率为:131.944 μg/(g 根干重·h),大于此数值即为促进黑麦草根系分泌苹果酸。可见丙二酸、1~5 mmol/kg 的 EDTA、1 mmol/kg 草酸、3 mmol/kg 苹果酸、6~7 mmol/kg 冰乙酸和酒石酸促进黑麦草根系分泌苹果酸。

所有处理草酸的含量远大于酒石酸和苹果酸,相差 1 个数量级。

表 8-2　不同有机酸条件下黑麦草根系分泌有机酸

处理		有机酸浓度（mmol/kg）				
		1	3	5	6	7
EDTA	草酸	2 998.556	2 816.250	2 777.472	4 593.278	4 355.889
	酒石酸	255.778	485.111	546.667	851.556	585.778
	苹果酸	181.556	137.222	131.986	120.333	—
草酸	草酸	2 726.000	1 625.306	2 999.537	3 042.926	2 952.074
	酒石酸	—	—	—	—	—
	苹果酸	139.157	96.056	84.444	86.734	88.667
冰乙酸	草酸	3 175.611	3 769.556	3 546.000	3 523.519	3 394.963
	酒石酸	—	—	—	—	—
	苹果酸	109.954	115.056	126.931	161.236	166.514
丙二酸	草酸	3 740.000	3 653.056	3 542.389	4 481.556	5 437.778
	酒石酸	—	—	—	—	—
	苹果酸	159.389	304.528	315.843	332.906	348.333
酒石酸	草酸	4 935.917	4 980.000	5 505.472	6 328.907	6 696.472
	酒石酸	—	—	—	—	—
	苹果酸	111.889	113.472	126.765	171.528	149.889
苹果酸	草酸	4 814.417	4 747.796	3 942.815	3 745.944	3 842.806
	酒石酸	—	—	—	—	—
	苹果酸	91.306	197.389	100.278		

8.2.4　植株 Pb^{2+} 含量和吸收富集系数对有机酸的响应

图 8-5 为不同浓度有机酸作用下黑麦草地上部分重金属 Pb^{2+} 含量的分布图,由图可知,不同处理地上部分重金属 Pb^{2+} 含量的大小规律为:EDTA>丙二酸>苹果酸>酒石酸>对照>草酸>冰乙酸。EDTA 处理最有利于黑麦草地上部分重金属 Pb^{2+} 含量的增加,且随浓度的增加,促进效果增大,尤其是 5~7 mmol/kg 最明显。这与水培试验的结果一致。

图 8-6 为不同浓度有机酸作用下根系重金属 Pb^{2+} 含量变化过程,由图可知,EDTA、草酸和丙二酸处理根系 Pb^{2+} 含量随有机酸浓度的增加而减小,其中 1~5 mmol/kg 范围内促进根系 Pb^{2+} 含量的增加,且随有机酸浓度的增加其促进作用减小;7 mmol/kg 时对其起抑制作用;3~5 mmol/kg 的苹果酸和冰乙酸有利于根系 Pb^{2+} 含量的增加,但冰乙酸稍小于苹果酸处理;酒石酸抑制黑麦草根系重金属 Pb^{2+} 的增加,不同浓度处理间差别较小。

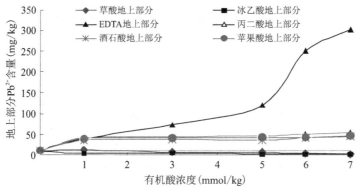

图 8-5　不同有机酸作用下黑麦草植株地上部分 Pb^{2+} 含量

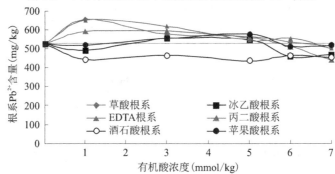

图 8-6　不同有机酸作用下黑麦草根系 Pb^{2+} 含量

图 8-7 为不同浓度有机酸作用下黑麦草地上部分和根系重金属 Pb^{2+} 含量的响应变化规律。由图可知,不同浓度有机酸作用下,黑麦草根系中 Pb^{2+} 含量均大于地上部分的含量,且差距较大,可见,重金属在植物体内的分布是在新陈代谢旺盛的器官(根系)蓄积量较大,而在营养存储器官茎叶中蓄积量则较小。这与以上所有研究结果一致。

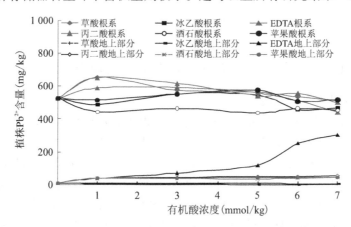

图 8-7　不同有机酸作用下黑麦草植株 Pb^{2+} 含量

不同浓度有机酸作用下黑麦草不同部位的吸收富集系数如表 8-3 所示。由表可知,根系的吸收富集系数较地上部分大,1~6 mmol/kg 的 EDTA 和草酸、1~5 mmol/kg 丙二酸促进根系吸收富集系数的增加,且随有机酸浓度的增加其促进作用减小;2~5 mmol/kg 苹果酸和冰乙酸对其起促进作用,其促进作用随有机酸浓度的增加而增大,但冰乙酸稍小于苹果酸处理,酒石酸对其起抑制作用。

表 8-3 不同有机酸作用下黑麦草不同部位的吸收富集系数

处理		有机酸浓度(mmol/kg)				
		1	3	5	6	7
地上部分	草酸	0.024	0.016	0.013	0.007	0.005
	冰乙酸	0.005	0.010	0.003	0.002	0.005
	EDTA	0.078	0.146	0.238	0.500	0.605
	丙二酸	0.082	0.089	0.093	0.099	0.105
	酒石酸	0.073	0.076	0.071	0.082	0.089
	苹果酸	0.079	0.081	0.087	0.085	0.091
根系	草酸	1.309	1.153	1.125	1.070	1.023
	冰乙酸	0.976	1.108	1.092	0.916	0.938
	EDTA	1.300	1.236	1.083	1.110	1.000
	丙二酸	1.179	1.189	1.117	1.022	0.880
	酒石酸	0.888	0.928	0.875	0.927	0.907
	苹果酸	1.033	1.105	1.152	1.019	1.036

EDTA、丙二酸、苹果酸和酒石酸促进地上部分吸收富集系数的增加,且随有机酸浓度的增加其促进作用增大。

8.2.5 根际与非根际土壤 pH 值对有机酸的响应

图 8-8 为不同有机酸作用下根际与非根际土壤中 pH 值的分布,由图可知,不同有机酸作用下,种植黑麦草后均使得根际与非根际土壤 pH 值减小,且根际 pH 值小于非根际。1 mmol/kg 的有机酸显著降低了根际与非根际土壤 pH 值,而且随浓度的增加 pH 值减小幅度降低;5 mmol/kg 时,作用效果相对较小。

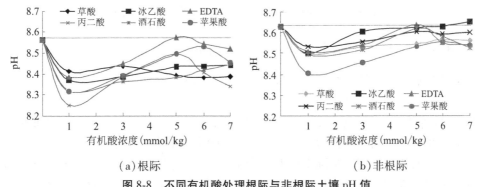

(a)根际   (b)非根际

图 8-8 不同有机酸处理根际与非根际土壤 pH 值

对比不同有机酸对根际土壤 pH 值影响效果得出,1 mmol/kg 时,丙二酸显著降低根际土壤 pH 值;3~7 mmol/kg 范围内,EDTA 对根际土壤 pH 值的作用效果最小,酒石酸和草酸的作用效果相对较大。

对比不同有机酸对非根际土壤 pH 值影响效果得出,不同浓度的苹果酸显著降低了非根际土壤 pH 值,冰乙酸(1 mmol/kg 除外)对其的作用效果最差。

可见根际与非根际土壤 pH 值与所分泌有机酸的变化规律不是一一对应的,其原因为虽然根系分泌有机酸是土壤 pH 值变化的一个影响因素,但不是唯一因素,而且土壤是一个复杂的生态环境,根系活动对其特性的影响不会立即形成表观现象,而是一个连续的、有时间过渡的响应机制。

8.2.6　根际与非根际土壤 Eh 对有机酸的响应

图 8-9 为不同有机酸作用下根际与非根际土壤 Eh 的变化。由图可知,作物生长使得根区土壤 Eh 发生变化,尤其根际土壤中的生物呼吸作用,使得根际土壤 Eh 小于非根际。冰乙酸、酒石酸、丙二酸、苹果酸和 EDTA 降低根际土壤 Eh,其中冰乙酸、苹果酸、EDTA 处理,随有机酸浓度的增加,根际土壤 Eh 降低效果增大。而酒石酸和丙二酸有增加的趋势,但增幅较小。除 3 mmol/kg 草酸外,其他浓度的草酸促进根际土壤 Eh 的增加,而且 3 mmol/kg 的有机酸对其作用较小。丙二酸和 3~5 mmol/kg 的冰乙酸较有利于非根际土壤 Eh 的增加。

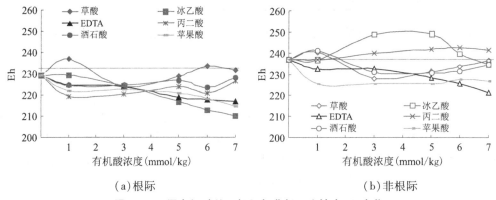

(a)根际　　　　　　　　　　　　　　　(b)非根际

图 8-9　不同有机酸处理根际与非根际土壤中 Eh 变化

8.2.7　根际与非根际土壤重金属 Pb^{2+} 的再分布

不同浓度有机酸作用下根际与非根际土壤重金属 Pb^{2+} 的含量如图 8-10 所示,由图可知,根际土壤重金属 Pb^{2+} 含量小于非根际。有机酸促进根际土壤 Pb^{2+} 含量减小,其中 EDTA 作用较明显,其次为冰乙酸,其他有机酸间差别较小。冰乙酸和草酸促进非根际土壤 Pb^{2+} 含量的减小。可见,冰乙酸对重金属 Pb^{2+} 的活化效果较明显。

对比不同有机酸作用后根际土壤 Pb^{2+} 含量可以看出,草酸>酒石酸>苹果酸>丙二酸>冰乙酸>EDTA。非根际大小顺序为:丙二酸>苹果酸>酒石酸>EDTA>草酸>冰乙酸。

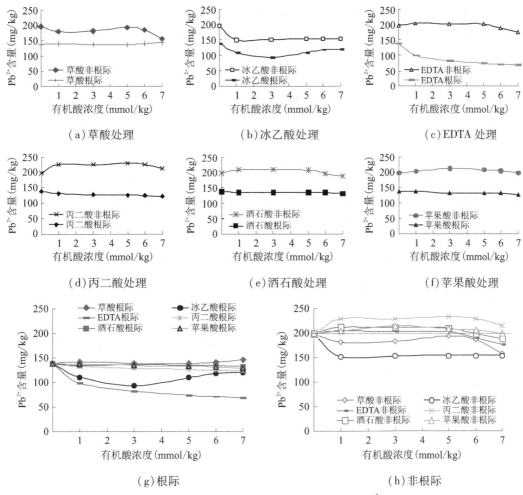

图 8-10　不同有机酸处理根际与非根际土壤中 Pb²⁺ 含量

8.3　小　结

（1）土壤重金属 Pb²⁺ 含量为 500 mg/kg 时,外源有机酸能够在一定程度上促进黑麦草地上部分和根系干物质量的增加,其中冰乙酸对地上部干物质量增加的促进作用最明显,其次为草酸和酒石酸。有机酸能促进黑麦草根系干重的增加,其中酒石酸的促进作用最明显;有机酸能在一定程度上提高黑麦草对 Pb²⁺ 的耐性指数,其中酒石酸最为明显。

（2）土壤中外源有机酸的存在对黑麦草根系分泌有机酸有一定的促进作用。酒石酸、1~3 mmol/kg 苹果酸、6~7 mmol/kg 丙二酸和 EDTA 对黑麦草根系分泌草酸具有促进作用,其中酒石酸的促进作用最大;EDTA 可促进黑麦草根系分泌酒石酸,其含量随 EDTA浓度的增加而增大;丙二酸、1~5 mmol/kg EDTA、1 mmol/kg 草酸、6~7 mmol/kg 冰乙酸、酒石酸、3 mmol/kg 苹果酸对黑麦草根系分泌苹果酸有促进作用。

（3）不同浓度有机酸作用下黑麦草根际土壤 pH 值小于非根际,其中 1 mmol/kg 的有机酸显著降低根际土壤 pH 值,对根际土壤 pH 值的影响最大,草酸影响最小。另外,土壤有机酸的存在能够降低黑麦草根际土壤 Eh,不同处理黑麦草根际土壤 Eh 均小于非根际,土壤中丙二酸和 3～5 mmol/kg 冰乙酸较有利于非根际土壤 Eh 的增加。

（4）不同有机酸处理黑麦草根系中 Pb^{2+} 的含量远大于地上部分 Pb^{2+} 的含量。相比而言,EDTA 最有利于黑麦草地上部分对 Pb^{2+} 的吸收。丙二酸、苹果酸和酒石酸对地上部分 Pb^{2+} 含量起促进作用。1～5 mmol/kg EDTA、草酸和丙二酸、3～5 mmol/kg 苹果酸和冰乙酸能促进根系 Pb^{2+} 含量的增加。

（5）土壤有机酸能够促使黑麦草根际土壤 Pb^{2+} 含量减小,且根际土壤 Pb^{2+} 残留量小于非根际土壤,其中 EDTA 作用较明显,其次为冰乙酸,其他有机酸处理间差别较小。不同有机酸处理对比分析表明,冰乙酸和草酸能促进非根际土壤 Pb^{2+} 残留量的减小,说明冰乙酸对 Pb^{2+} 的活化效果较明显。

总之,EDTA 能促进黑麦草对 Pb^{2+} 的吸收,促进生物量增加,但增加幅度为中等水平。虽然 EDTA 对土壤重金属 Pb^{2+} 污染修复效果较明显,但由于易造成二次污染,不宜作为优选材料。黑麦草所分泌的有机酸中,酒石酸不利于黑麦草根系 Pb^{2+} 含量的增加,但却有利于其根系的生长,对重金属毒害根系有防御作用。苹果酸对增加黑麦草地上部分 Pb^{2+} 含量的效果较明显,但不增加根系中 Pb^{2+} 含量。可见,对重金属 Pb^{2+} 有向地上部分转移的趋势。冰乙酸显著增加黑麦草地上部分干物质量,但对根系干重影响较小,对土壤重金属 Pb^{2+} 的活化效果较明显,提取量较大,随冰乙酸浓度的增加,其修复效果增强,3 mmol/kg 时最明显,其后逐渐减弱。

第 9 章 结 论

(1)不同 pH 值(3、5、7、9、11)条件下重金属 Pb^{2+} 的吸附-解吸规律。

吸附量(率)随 pH 值的增大而增加,pH<7 时,pH 的变化对吸附量(率)的影响较大;pH>7 时,不同 pH 值对吸附量(率)的影响较小,吸附量(率)随初始浓度变化的 pH 值敏感阈值范围为 pH≤7。本研究提出了关于平衡浓度与吸附量之间的改进模型 $\ln(S) = K_1 \times C^{K_2}$,较其他模型为最优模型。解吸量(率)随 pH 值的升高而减小,pH<7 范围内,随 pH 值增加解吸量有明显减小,pH>7 时,其减小幅度减小,且趋于稳定;解吸量随吸附量的增加而增大,其增幅随 pH 值的增大而减小。

(2)EDTA、草酸、酒石酸、冰乙酸、丙二酸、苹果酸和柠檬酸对重金属 Pb^{2+} 吸附-解吸的影响。

有机酸增加了重金属 Pb^{2+} 的活性。EDTA 显著降低土壤重金属 Pb^{2+} 的吸附量,对重金属 Pb^{2+} 的活化效果较明显,草酸对重金属 Pb^{2+} 的活化效果较小。初始浓度小于 100 mg/L 时,草酸、酒石酸、冰乙酸、丙二酸、苹果酸和柠檬酸对土壤重金属 Pb^{2+} 吸附量影响较小。随重金属初始浓度的增加,有机酸对吸附量的影响增大。不同有机酸对土壤重金属 Pb^{2+} 的活化能力不同,其活化能力顺序为:EDTA>柠檬酸>苹果酸>丙二酸>冰乙酸>酒石酸>草酸。

(3)不同 pH 值(3、5、7、9、11)对重金属 Pb^{2+} 存在形态的影响。

pH<7 时,有利于 10~100 mg/L 重金属 Pb^{2+} 向易吸收的形态转变,有利于重金属 Pb^{2+} 生物有效性的提高,而对 200~1 000 mg/L 浓度范围内,重金属 Pb^{2+} 生物有效性的影响较低,残渣态远远大于其他形态所占的比例。0~100 mg/L 浓度范围内,铁锰氧化物结合态最大。

(4)采用水培试验研究黑麦草对重金属 Pb^{2+} 的修复效果。

富集植物黑麦草,由于其生物学特性,在含铅营养液的发育过程中有自动调节根际环境中 pH 值的功能。随 Pb^{2+} 处理时间的增加,黑麦草根系分泌有机酸种类增加。处理 7 d 时,黑麦草根系分泌有机酸为草酸和冰乙酸;处理 14 d 时,分泌有机酸为草酸、酒石酸、苹果酸、冰乙酸和柠檬酸。Pb^{2+} 浓度 400 mg/L 为 pH 值和有机酸变化的敏感阈值拐点,而影响黑麦草株高,干物质量和根系耐性指数的阈值拐点为 200 mg/L。黑麦草地上部分和根系 Pb^{2+} 含量,随营养液中 Pb^{2+} 浓度的增加而增加,但其增加梯度随营养液 Pb^{2+} 浓度的增加而减小。

(5)外源 0.1 mmol/L、0.5 mmol/L、1 mmol/L、2 mmol/L、3 mmol/L 的草酸、苹果酸、柠檬酸、冰乙酸、丙二酸、酒石酸和 EDTA 诱导对水培黑麦草修复重金属 Pb^{2+} 污染的影响。

有机酸促进地上干物质量和根系干重的增加。EDTA 有利于重金属 Pb^{2+} 向地上部分转移,但生物量相对较小。1~3 mmol/L 的丙二酸、酒石酸对地上部分 Pb^{2+} 含量的促进作用较明显,其中丙二酸能促进根系 Pb^{2+} 含量增加,酒石酸对重金属 Pb^{2+} 向地上部分转移有促进作用;1~3 mmol/L 的冰乙酸有利于黑麦草生物量的增加,同时也有利于根系重金属 Pb^{2+} 含量的增加。不同浓度有机酸对静水体内重金属 Pb^{2+} 吸收转移量的情况为,0.1 mmol/L 酒石酸、0.5 mmol/L 丙二酸、1~3 mmol/L 范围内,冰乙酸提取量最大,不同浓度有机酸作用下黑麦草的耐性指数的分布与其一致。

(6)采用土培试验研究黑麦草对重金属 Pb^{2+} 的修复效果。

重金属 Pb^{2+} 作用下,根际土壤 pH 值较非根际土壤低,尤其是生长 40~50 d 时,根际与非根际 pH 值差距较大。200~1 000 mg/L 范围内根际土壤的吸附量(率)略高于非根际土壤,且随生长发育时间的推移差距增大。根际环境有利于重金属 Pb^{2+} 交换态和有机物结合态所占比例的提高,且高浓度时,根际环境有利于重金属 Pb^{2+} 向较易吸收的碳酸盐结合态转变;而低浓度时,根际环境有利于向铁锰氧化物结合态转变。

黑麦草对重金属 Pb^{2+} 在1 000 mg/kg 内有较强的耐受性,尤其在 300 mg/kg 时耐性指数最大,修复效果最好。不同浓度重金属 Pb^{2+} 作用下,黑麦草根系分泌的有机酸为草酸、苹果酸及冰乙酸。黑麦草分泌有机酸量与根系重金属含量呈线性关系。随生长时间的推移,黑麦草根系和地上部分重金属含量均增加,且有向黑麦草地上部分转移的趋势。黑麦草泰德可作为重金属 Pb^{2+} 的富集植物,有修复重金属 Pb^{2+} 污染的潜力。浓度 300~500 mg/kg 范围内且生长时间在 40~50 d 时修复效果最明显。

(7)基于外源有机酸诱导的土培黑麦草修复重金属 Pb^{2+} 污染。

500 mg/kg 重金属 Pb^{2+} 作用下,EDTA 修复效果较明显,但由于易造成二次污染,不宜作为优选材料。黑麦草所分泌的有机酸中,苹果酸对增加黑麦草地上部分 Pb^{2+} 含量的效果较明显,但不增加根系中 Pb^{2+} 含量,可见,对重金属 Pb^{2+} 有向地上部分转移的趋势。冰乙酸可增加黑麦草对土壤重金属 Pb^{2+} 的提取量,随冰乙酸浓度的增加,其修复效果增强,3 mmol/kg 时最明显,其后逐渐减弱,同时对黑麦草生物量的促进作用较明显。

参 考 文 献

[1] 曹秋华, 普绍苹, 徐卫红, 等. 根际重金属形态与生物有效性研究进展[J]. 广州环境科学, 2006, 21 (3): 1-4.

[2] 曹淑萍. 重金属污染元素在天津土壤剖面中的纵向分布特征[J]. 地质找矿论丛, 2004, 19 (2): 270-274.

[3] 常学秀, 段昌群, 王焕校. 根分泌作用与植物对金属毒害的抗性[J]. 应用生态学报, 2000, 11 (2): 315-320.

[4] 陈静生, 张国梁, 穆岚, 等. 土壤对六价铬的还原容量初步研究[J]. 环境科学学报, 1997, 17 (3): 334-339.

[5] 陈静生, 洪松, 范文宏, 等. 各国水体沉积物重金属质量基准的差异及原因分析[J]. 环境科学, 2001, 20 (5): 417-424.

[6] 陈剑侠, 姜能座, 杨冬雪, 等. 福建省茶园土壤中重金属的监测与评价[J]. 茶叶科学技术, 2009 (3): 26-29.

[7] 陈俊, 范文宏, 孙如梦, 等. 新河污灌区土壤中重金属的形态分布和生物有效性研究[J]. 环境科学学报, 2007, 27 (5): 831-837.

[8] 陈能场, 童庆宣. 根际环境在环境科学中的地位[J]. 生态学杂志, 1994, 13(3): 45-52.

[9] 陈苏, 孙铁珩, 孙丽娜, 等. Cd^{2+}、Pb^{2+} 在根际和非根际土壤中的吸附-解吸行为[J]. 环境科学, 2007, 28 (4): 843-851.

[10] 陈有鉴, 黄艺, 曹军, 等. 玉米根际土壤中不同重金属的形态变化[J]. 土壤学报, 2003, 40 (3): 367-373.

[11] 陈牧霞, 地里拜尔·苏力坦, 王吉德. 污水灌溉重金属污染研究进展[J]. 干旱地区农业研究, 2006, 24 (2): 200-204.

[12] 陈建军, 俞天明, 王碧玲, 等. 用 TCLP 和形态法评估含磷物质修复铅锌矿污染土壤的效果及其影响因素[J]. 环境科学, 2010, 31: 185-191.

[13] 陈英旭, 林琦, 陆芳, 等. 有机酸对铅、镉植株危害的解毒作用研究[J]. 环境科学学报, 2000, 20 (4): 467-472.

[14] 陈英旭, 朱祖样, 何增耀. 土壤中铬的化学行为研究: VI 氧化锰对 Cr(III) 的氧化机理[J]. 环境科学学报, 1993, 13 (1): 43-49.

[15] 陈竹君, 周建斌. 污水灌溉在以色列农业中的应用[J]. 农业环境保护, 2001, 20 (6): 462-464.

[16] 程先军, 高占义, 胡亚琼, 等. 污水资源灌溉利用的有关问题[C]// 节水灌溉论坛会议论文.

[17] 崔志强, 张宇峰, 俞斌, 等. 长江三角洲地区 4 种典型土壤对 Zn 吸附-解吸的特性[D]. 南京工业大学学报, 2007, 3 (29): 20-24.

[18] 丁永祯, 李志安, 邹碧. 土壤低分子量有机酸及其生态功能[J]. 土壤, 2005, 37(3): 243-250.

[19] 董开军. 谈谈农田污水灌溉问题[J]. 农业环保, 1995(4): 17.

[20] 段飞舟, 何江, 高吉喜, 等. 城市污水灌溉对农田土壤环境影响的调查分析[J]. 华中科技大学学报, 2005, 22 (增刊): 181-183.

[21] 段俊英, 何秀良, 戴祥鹏, 等. 不同生态条件下芦苇根际微生物及其生物学活性的调查研究

　　　　[J]. 生态学报, 1985(2): 13-16.

[22] 冯绍元, 齐志明, 王亚平. 排水条件下饱和土壤中镉运移实验及其数值模拟[J]. 水利学报, 2004
　　　　(10): 1-8.

[23] 冯绍元, 齐志明, 黄冠华, 等. 清、污水灌溉对冬小麦生长发育影响的田间试验研究[J]. 灌溉排水
　　　　学报, 2003, 22 (3): 11-14.

[24] 付红, 付强, 姜蕊云, 等. 水稻污水灌溉技术与应用[J]. 农机化研究, 2002(1): 110-112.

[25] 郭观林, 周启星. 镉在黑土和棕壤中吸附行为比较研究[J]. 应用生态学报, 2005, 16
　　　　(12): 2403-2408.

[26] 郭世荣. 无土栽培学[M]. 北京:中国农业出版社, 2007.

[27] 黄先飞, 秦贩鑫, 胡继伟. 重金属污染与化学形态研究进展[J]. 微量元素与健康研究, 2008, 25
　　　　(1): 48-51.

[28] 黄艺, 陈有键, 陶澍. 菌根植物根际环境对污染土壤中 Cu、Zn、Pb、Cd 形态的影响[J]. 应用生态学
　　　　报, 2000, 11(3): 431-434.

[29] 黄苏珍, 原海燕, 孙延东, 等. 有机酸对黄菖蒲镉、铜积累及生理特性的影响[J]. 生态学杂志,
　　　　2008, 27(7): 1181-1186.

[30] 蒋先军, 骆永明, 赵其国, 等. 镉污染土壤植物修复的 EDTA 调控机理[J]. 土壤学报, 2003, 40
　　　　(2): 205-209.

[31] 旷远文, 温达志, 钟传文, 等. 分析分泌物及其在修复中的作用[J]. 植物生态学报, 2003, 27
　　　　(5): 709-717.

[32] 李宝贵, 杜霞. 污水资源化及其农业利用(污灌)[J]. 2001(11): 9-12.

[33] 李改平, 席玉英, 刘子川. 太原地区食用蔬菜中有害重金属铅、镉含量的分析研究[J]. 山西农业
　　　　科学, 2002, 30(2): 70-72.

[34] 李法虎, 黄冠华, 丁赟, 等. 污灌条件下土壤碱度、石膏施用以及污水过滤处理对水力传导度的影
　　　　响[J]. 农业工程学报, 2006, 22(1): 48-52.

[35] 李炬, 范瑜. 污灌——城市污水资源化的有效途径[J]. 江苏环境科技, 2000, 13 (3): 30-31.

[36] 李恋卿, 潘根兴, 张平究, 等. 太湖地区水稻土颗粒中重金属元素的分布及其对环境变化的响应
　　　　[J]. 环境科学学报, 2001, 2(5): 608-612.

[37] 李花粉. 根际重金属污染[J]. 中国农业科技导报, 2000, 2(4): 54-59.

[38] 李廷强, 舒钦红, 杨肖娥. 不同程度重金属污染土壤对东南景天根际土壤微生物特征的影响
　　　　[J]. 浙江大学学报(农业与生命科学版), 2008, 34(6): 692-698.

[39] 李瑛. 镉铅和有机酸对根际土壤中镉铅形态转化及其毒性的影响[D]. 保定:河北农业大学, 2003.

[40] 李瑛, 张桂银, 李洁, 等. Cd、Pb 在根际与非根际土壤中的吸附解吸特点[J]. 生态环境, 2005, 14
　　　　(2): 208-210.

[41] 李瑛, 张桂银, 李洪军, 等. 有机酸对根际土壤中铅形态及其生物毒性的影响[J]. 生态环境,
　　　　2004, 13(2): 164-166.

[42] 李宗利, 薛澄泽. 污灌土壤中 Pb、Cd 形态的研究[J]. 农业环境保护, 1994,13(4):152-157.

[43] 梁彦秋, 潘伟, 刘婷婷, 等. 有机酸在修复 Cd 污染土壤中的作用研究[J]. 环境科学与管理,
　　　　2006, 31(8): 76-78.

[44] 廖敏, 黄昌勇, 谢正苗, 等. pH 对镉在土水系统中的迁移和形态的影响[J]. 环境科学学报,
　　　　1999, 19(1): 81-86.

[45] 廖敏, 黄昌勇. 黑麦草生长过程中有机酸对镉毒性的影响[J]. 应用生态学报, 2002, 13(1):
　　　　109- 112.

[46] 林琦,陈英旭,陈满怀,等.有机酸对Pb、Cd的土壤化学行为和植株效应的影响[J].应用生态学报,2001(5):619-622.

[47] 林琦.重金属污染土壤植物修复的根际机理[D].杭州:浙江大学,2002.

[48] 刘丽.小凌河污水灌溉对水稻作物影响的分析[J].辽宁城乡环境科技,1991,19(1):43-46.

[49] 刘润堂,许建中.我国污水灌溉现状、问题及对策[J].中国水利,2002(10):123-125.

[50] 刘韬,郭淑满.污水灌溉对沈阳市农田土壤中重金属含量的影响[J].环境保护科学,2003,29(117):51-52.

[51] 刘霞,刘树庆.土壤重金属形态分布特征与生物效应的研究进展[J].农业环境科学学报,2006,25(增刊):407-410.

[52] 刘卓澄.环境中污染物质及其生物效应研究文集[C].北京:科学出版社,1992:157-164.

[53] 楼玉兰,章永松,林咸永,等.氮肥对污泥农用后土壤中重金属活性的影响[J].上海环境科学,2004,23(1):32-36.

[54] 龙新宪,倪吾钟,叶正钱,等.外源有机酸对两种生态型东南景天吸收和积累锌的影响[J].植物营养与肥料学报,2002,8(4):467-472.

[55] 马义兵,阎龙翔,黄友宝.外源铜、铅、镉在土壤中的形态分布规律以及碳酸钙的影响机制研究[J].农业工程学报,1992,8(2):56-60.

[56] 毛达如,申建波.植物营养研究方法[M].北京:中国农业大学出版社,2007.

[57] 孟春香,郭建华,韩宝文.污水灌溉对作物产量及土壤质量的影响[J].河北农业科学,1999,3(2):15-17.

[58] 孟凡乔,巩晓颖,葛建国,等.污灌对土壤重金属含量的影响及其定量估算[J].农业环境科学学报,2004,23(2):277-280.

[59] 孟雷.污水灌溉对冬小麦根长密度和根系吸水速率分布的影响[J].灌溉排水学报,2003(4):25-29.

[60] 莫争,王春霞,陈琴,等.重金属Cu、Pb、Zn、Cr、Cd在土壤中形态的分布和转化[J].农业环境保护,2002,21(1):9-12.

[61] 潘根兴,高建芹,刘世梁,等.活化率指示苏南土壤环境中重金属污染冲击初探[J].南京农业大学学报,1999(2):46-49.

[62] 齐广平.生活污水灌溉对茄子生长效应的影响[J].甘肃农业大学学报,2001,36(3):329-332.

[63] 齐学斌,钱炬炬,樊向阳,等.污水灌溉国内外研究现状与进展[J].中国农村水利水电,2006(1):13-15.

[64] 齐志明,冯绍元,黄冠华,等.清、污水灌溉对夏玉米生长影响的田间试验研究[J].灌溉排水学报,2003,22(2):36-38.

[65] 乔冬梅,齐学斌,庞鸿宾,等.地下水作用下微咸水灌溉对土壤及作物的影响[J].农业工程学报,2009,25(1):55-61.

[66] 乔冬梅,齐学斌,樊向阳,等.养殖废水灌溉对冬小麦作物-土壤系统影响研究[J].灌溉排水学报,2010,29(1):32-35.

[67] 乔冬梅,齐学斌,樊向阳,等.再生水分根交替滴灌对马铃薯根-土系统环境因子的影响研究[J].农业环境科学学报,2009,28(11):2359-2367.

[68] 邵志鹏,崔绍荣,苗香雯,等.利用污水灌溉树木的研究进展[J].世界林业研究,2002,15(5):26-31.

[69] 申屠超.污水灌溉对大白菜金属元素吸收及积累的影响[J].浙江农业学报,2003(5):297-301.

[70] 宋玉芳,孙铁珩,张丽珊,等.土壤-植物系统中多环芳烃和重金属的行为研究[J].应用生态学

报，1995，6（4）：417-422.

[71] 宋玉芳，周启星，王新，等.污灌土壤的生态毒性研究[J].农业环境科学学报，2004，23
（4）：638-641.

[72] 孙冬韦，刘丽，郝滨，等.孕妇与儿童铅中毒研究进展[J].中华妇幼保健，2001，16（6）：386-387.

[73] 孙和和，刘鹏，蔡妙珍，等.外源有机酸对美人蕉耐性和Cr吸收、迁移的影响[J].水土保持学报，
2008，22（2）：75-78.

[74] 孙立波，郭观林，周启星，等.某污灌区重金属与两种持久性有机污染物（POPs）污染趋势评价
[J].生态学杂志，2006，25（1）：29-33.

[75] 孙琴，王晓蓉，丁士明.超积累植物吸收重金属的根际效应研究进展[J].生态学杂志，2005，24
（1）：30-36.

[76] 童健.重金属对土壤的污染不容忽视[J].环境科学，1989，10（3）：37-38.

[77] 万金颖，纪玉琨，巨振海，等.污水灌溉区土壤重金属的空间分布特征[J].环境工程，2006，24
（2）：87-88.

[78] 王大力.水稻化感作用研究综述[J].生态学报，1998，18（3）：326-334.

[79] 王贵，程玉霞，孙颖卓.包头地区土壤重金属形态分布及其环境意义[J].阴山学刊，2007，21
（3）：38-42.

[80] 王贵玲，蔺文静.污水灌溉对土壤的污染及整治[J].农业环境科学学报，2003，22（2）：163-166.

[81] 王建林，刘芷宇.重金属在根际中的化学行为Ⅰ.土壤中铜吸附的根际效应[J].环境科学学报，
1991，11：178-185.

[82] 王建林，刘芷宇.重金属在根际中的化学行为Ⅱ.土壤中吸附态铜解吸的根际效应[J].应用生态
学报，1990（1）：338-343

[83] 王新，周启星.外源镉铅铜锌在土壤中形态分布特性及改性剂的影响[J].农业环境科学学报，
2003，22（5）：541-545.

[84] 吴燕玉，王新，梁仁禄，等.重金属复合污染对土壤-植物系统的生态效应[J].应用生态学报，
1997，8（5）：545-552.

[85] 夏立江，王宏康.土壤污染及其防治[M].上海：华东理工大学出版社，2001.

[86] 夏伟立，罗安程，周焱，等.污水处理后灌溉对蔬菜产量、品质和养分吸收的影响[J].科技通报，
2005，21（1）：79-83.

[87] 谢思琴，顾宗濂，吴留松.砷、镉、铅对土壤酶活性的影响[J].环境科学，1987，8（1）：19-21.

[88] 辛国荣，岳朝阳，李雪梅，等."黑麦草-水稻"草田轮作系统的根际效应Ⅱ.冬种黑麦草对土壤物
理化学性状的影响[J].中山大学学报，1998，37（5）：78-82.

[89] 徐长林，曹致中，贾笃敬.优良抗寒苜蓿新品种——甘农一号杂花苜蓿[J].中国畜牧杂志，1992
（6）：43-44.

[90] 许嘉林，杨居荣.陆地生态系统中的重金属[M].北京：中国环境科学出版社，1996.

[91] 徐明岗.pH对黄棕壤Cu^{2+}和Zn^{2+}吸附等温线的影响[J].土壤通报，1998，29（2）：65-66.

[92] 徐明岗.砖红壤和黄棕壤Zn^{2+}吸附特性的研究[J].土壤肥料，1998（2）：3-6.

[93] 徐卫红.锌胁迫下不同植物及品种根际效应及锌积累机理研究[D].武汉：武汉大学，2005.

[94] 徐卫红，王宏信，李文一.重金属富集植物黑麦草对Zn的响应[J].水土保持学报，2006，20
（3）：43-46.

[95] 徐卫红，王宏信，王正银，等.重金属富集植物黑麦草对锌-镉复合污染的响应[J].中国农学通
报，2006，22（6）：365-368.

[96] 徐卫红，熊治庭，李文一，等.4品种黑麦草对重金属Zn的耐性及Zn积累研究[J].西南农业大

学学报，2005，27（6）：785-790.

[97] 徐卫红，熊治庭，王宏信，等.锌胁迫对重金属富集植物黑麦草养分吸收和锌积累的影响[J].水土保持学报，2005，19（4）：32-35.

[98] 杨红霞.大同市污水灌溉对土壤的影响及防治对策[J].太原科技，2002（6）：52-53.

[99] 杨红霞.大同市污水灌溉对农作物影响的研究[J].农业环境与发展，2002（4）：18-19.

[100] 杨继富.污水灌溉农业问题与对策[J].水资源保护，2000（2）：4-8.

[101] 杨军，郑袁明，陈同斌，等.中水灌溉下重金属在土壤中的垂直迁移及其对地下水的污染风险[J].地理研究，2006，25（2）：449-456.

[102] 杨艳，汪敏，刘雪云，等.三种有机酸对镉胁迫下油菜生理特性的影响[J].安徽师范大学学报，2007，30（2）：158-162.

[103] 杨中艺，潘静澜."黑麦草-水稻"草田轮作系统的研究.2.意大利黑麦草引进品种在南亚热带地区免耕栽培条件下的生产能力[J].草业学报，1995，4（4）：46-51.

[104] 原海燕，黄苏珍，郭智，等.外源有机酸对马蔺幼苗生长、Cd 积累及抗氧化酶的影响[J].生态环境，2007，16(4)：1079-1084.

[105] 曾德付，朱维斌.我国污水灌溉存在问题和对策探讨[J].干旱地区农业研究，2004，22（4）：221-224.

[106] 曾令芳.国外污水灌溉新技术[J].节水灌溉，2002（2）：34-42.

[107] 张红梅，速宝玉.土壤及地下水污染研究综述[J].灌溉排水学报，2004，23(3)：70-74.

[108] 张敬锁，李花粉，衣纯真.有机酸对活化土壤中镉和小麦吸收镉的影响[J].土壤学报，1999，36（1）：61-66.

[109] 张磊，宋凤斌.土壤吸附重金属的影响因素研究现状及展望[J].土壤通报，2005，36（4）：628-631.

[110] 张乃明，李保国，胡克林，等.污水灌区耕层土壤中铅、镉的空间变异特征[J].土壤学报，2003，40（1）：151-154.

[111] 张展羽，吕祝乌.污水灌溉农业技术体系探讨[J].人民黄河，2004，26(6)：21-22.

[112] 张增强，张一平，全林安，等.镉在土壤中吸持等温线及模拟研究[J].西北农业大学学报，2000，28(5)：88-93.

[113] 张素霞，吕家珑，杨瑜琪，等.黄土高原不同植被坡地土壤无机磷形态分布研究[J].干旱地区农业研究，2008，26（1）：29-32.

[114] 周慧珍，龚子同.土壤空间变异性研究[J].土壤学报，1996，33(3)：232-241.

[115] 周启星，高拯民.沈阳张士污灌区镉循环的分室模型及污染防治对策研究[J].环境科学学报，1995，15(3)：273-280.

[116] 周晓梅.松嫩平原羊草草地土-草-畜间主要微量元素的研究[D].哈尔滨：东北师范大学，2004.

[117] Angelika Filius, Thilo Streak, Jorg Richter.Cadmium sorption and desorption in limed Topsoils as influenced by pH: Isotherm s and simulated leaching[J]. Journal of Environmental Quality, 1998, 27: 12-18.

[118] Angelova V, Ivanova R, Delibaltova V, et al. Bio-accumulation and distribution of heavy metals in fibre crops (flax, cotton and hemp)[J]. J. Industrial Crops and Products, 2004, 19: 197-205.

[119] Adriano D C. Trace Elements in Terrestrial Environments: Biogeochemistry, Bioavailability and Risks of Metals[M]. 2nd Edn. Springer, New York. 2001.

[120] Bailey L D. Effects of potassium fertilizer and fall harvests on alfalfa grown on the eastern Canadian Prairies[J]. Canadian Journal Soil Science , 1983, 63: 211-219.

［121］Baker A J M, Reeves R D, Hajar A S M. Heavy metal accumulation and tolerance in British populations of the metallophyte Thlaspi caerulescens. J. & C. Presl（Brassicaceae）［J］. New Phytologis, 1994, 127：61-68.

［122］Benjamin M M, Leckie J O. Multiple-site adsorption of. Cd, Cu, Zn and Pb on amorphous iron oxy-hydroxides［J］. Journal of Colloid and Interface Science, 1981,83(2)：410-419.

［123］Blaylock M J, Salt D E, Dushenkov S, et al. Enhanced accumulation of Pb in Indian mustard by soil-applied chelating agents［J］. Environmental Science & Technology, 1997, 31(3)：860-865.

［124］Brooks R R, Lee J, Reeves R D, et al. Detection of nickeliferous rocks by analysis of herbarium species of indicator plants［J］. Journal of Geochemical Exploration, 1977,7：49-57.

［125］Bousserrhine N, Gasser U, Jeanroy E, et al. Bacterial and chemical reductive dissolution of Mn^-, Co^-, Cr^-, and Al-substituted geothites［J］. Geomicrobiology Journal, 1999, 16：245-258.

［126］Claudia Bragato, Hans Brix, Mario Malagoli. Accumulation of nutrients and heavy metals in Phragmites australis(Cav.)Trin. ex Steudel and Bolboschoenus maritimus (L.)Palla in a constructed wetland of the Venice lagoon watershed［J］. Environmental Pollution, 2006, 144：967-975.

［127］Courchese F, George R G. Mineralogical variations of bulk and rhizosphere soils from a Norway Spruce Stand［J］. Soil Science Society of American Journal, 1997, 61：1245-1249.

［128］Chamnugathas P, Bollag J M. Microbial mobilization of cadmium in soil under arcobic and anacrobic conditions［J］. Journal of Environmental Quality, 1987, 16(2)：161-167.

［129］Chanmugathas P, Bollag J M. Microbial role in immobilization and subsequent mobilization of cadmium in soil suspensions［J］. Soil Science Society of American Journal, 1987, 51：1184-1191.

［130］Cieslinski G, Van Rees K C J, Szmigielska A M. Low-molecular-weight organic acids in rhizoaphere soils of durum wheat and their effect on cadmium bioaccumulation［J］. Plant and Soil, 1998, 203：109-117.

［131］Chaney R L. Plant up take of inorganic waste constituents［C］// Parr J.F.eds Land Treatment of Hazardous Wastes Noyes Data Corporation, Park Ridge, New Jersey, USA, 1983：50-76.

［132］Ernst W H O. Bilavailability of heavy metals and deconta mination of soils by plants［J］. Applied Geochemistry, 1996,11：163-167.

［133］Eriksson J E. The influence of pH, soil type and time on adsorption and uptake by plants of Cd added to the Soil［J］. Water Air and Soil Pollution, 1989, 48(3-4)：317-335.

［134］Escarré J, et al. Zinc and cadmium hyperaccumulation by Thlaspi caerulescens from metalliferous and nonmetalliferous sites in the Mediterranean area：implications for phytoremediation［J］. Research New Phytologist, 2000, 145(3)：429-437.

［135］Fernandez S, Seoane S, Merino A. Plant heavy metal concentrations and soil biological properties in agricultural serpentine soils［J］. Communications in Soil Science and Plant Analysis, 1999, 30：1867-1884.

［136］Feng M H, Shan X Q, et al. A comparison of the rhizosphere-based method with DTPA, EDTA, $CaCl_2$, and $NaNO_3$ extraction methods for prediction of bioavailability of metals in soils to barley［J］. Environmental Pollution, 2005, 137：231-240.

［137］Gadd G M. Fungal production of citric and oxalic acid：importance in metal speciation, physiology and biogeochemical processes［J］. Advances in Microbial Physiology, 1999, 41：47-92.

［138］Gnekov M A, Marschner H. Roles of VA-mycrorrhiza in growth and mineral nutrition of apple (Malus pumila var. domestica) stock cuttings［J］. Plant and Soil, 1989,119 (9)：285-293.

[139] Hammer D, Keller C. Change in the rhizosphere of metal-accumulating plants evidenced by chemical extractant[J]. Journal of Environmental Quality, 2002, 31(5): 1561-1569.

[140] He Q B, Sngh B R. Crop up take of cadmium from phosphorus fertilizers: I.Yield and cadmium content [J]. Water Air and Soil Pollution, 1994, 74:251-265.

[141] Herbert E.Allen, Yu-tung Chen, Yi min Li, et al. Soil partition coefficient for Cd by column desorption and comparison to Batch adsorption measurements[J]. Environmental Science & Technology, 1995, 29:1887-1891.

[142] Horiguchi T. Mechanism of manganese toxicity and tolerance of plant. II. Deposition of oxidized mangnese in plant tissues[J]. Soil Science and Plant Nutrition, 1987, 33: 595-606.

[143] Huang J W, Chen J, Berti W R, et al. Phytoremediation of lead-conta minated soils: Role of synthetic chelates in lead phytoextraction[J]. Environmental Science & Technology, 1997, 31:800-805.

[144] Huang J W, et al. U uptake in B.chinensis in relation to exudation of citric acid[J]. Environmental Science & Technology, 1998, 32: 2004-2008.

[145] Hussain G, Al-Jaloud A, Karimulla S. Effect of treated effluent irrigation and nitrogen on yield and nitrogen use efficiency of wheat[J].Agricultural Water Management, 1996, 30:175-184.

[146] James B R. The challenge of remediation chromium-contaminated soil [J]. Environmental Science & Technology, 1996, 30(6): 248-251.

[147] Keith H, Oades J M, Martin J K. Input of carbon to soil from wheat plants[J]. Soil Biology and Biochemistry, 1986, 18(4): 445-449.

[148] Knight B, Zhao F J, McGrath S P, et al. Zinc and cadmium uptake by the hyper-accumulator Thlaspi caerulescens in contaminated soils and effects on the concentration and chemical speciation of metals in soil solution[J]. Plant and Soil, 1997, 197: 71-78.

[149] Lasat M M, Baker A J M, Kochian L V. Physiological characterization of root Zn^{2+} absorption and translocation to shoots in Zn hyperaccumulator and nonaccumulator species of Thlaspi[J]. Plant Physiology, 1996, 112: 1715-1722.

[150] Lasat M M. Phytoextraction of toxicmetals: a review of biological mechanisms[J]. Journal of Environmental Quality, 2002, 31: 109-120.

[151] Lebeau T, Braud A, Jézéquel K. Performance of bioaugmentation assisted phytoextraction applied tometal contaminated soils:a review[J]. Environmental Pollution, 2008, 153: 497-522.

[152] Lena Q Ma, Gade N Rao.Chemical frectionation of cadmium, copper nickel, and zinc in Contaminated soils [J]. Journal of Environmental Quality, 1997, 26:259-264.

[153] McLaren R G, Swift R S, Williams J G. The adsorption of copper by soil at low equilibrium solution concentration[J]. Journal of Soil Science, 1981, 32:247-256.

[154] Miguel A P, randir V M, Vera M K. The physiology and biophysics of an alu minum tolerance mechanism bases on root citrate exudation in maize[J]. Plant Physiology, 2002, 129(3): 1194-1206.

[155] Maiz I, Arambarri I, Garcia R, et al. Evaluation of Heavy Metal Availability in Polluted Soils by Two Sequential Extraction Procedures Using Factor Analysis[J]. Environmental Pollution, 2000, 110: 3-9.

[156] Manios T, Stentiford E I, Millner P.Removal of heavy metals from a metaliferous water solution by Typha latifolia plants and sewager sludge compost[J]. Chemosphere, 2003, 53: 487-494.

[157] Mathialagan T, Viraraghavan T.Adsorption of Cadmium from aqueous solutions by perlite[J].Journal of Hazardous Materials, 2003,38(1): 291-303.

[158] Mench M, Martin E. Mobilization of cadmium and other metals from two soils by root exudates of Zea

mays l., Nicotiana tabacum l. And Nicotiana rustical[J]. Plant and Soil, 1991,132:187-196.

[159] Michael Rother, Gerd-Joachim Kranss, Gregor Grass, et al. Sulphate assimilation under Cd^{2+} stress in Physcomitrella patens-combined transcript, enzyme and metabolite profiling[J]. Plant, Cell and Environment, 2006, 29:1801-1811.

[160] Morel J L, Andreux F, Habib L, et al. Comparison of the adsorption of maize root mucilage and polygalacturonic acid on montmorillonite homoionic to divalent lead and cadmium[J]. Biology and Fertility of Soils, 1987, 5(1): 13-17.

[161] Nicholson F A, et al. Quantifying heavy metal inputs to agricultural soils in England and Wales[J]. Water and Environment Journal, 2006, 20:87-95.

[162] Ortega-Larrocea M P, Siebe C, Becard G, et al. Impact of a century of wasterwater irrigation on the abundance of arbuscular mycorrhizal spores in the soil of the Mlezquital Vally of Mexio[J].Applied Soil Ecology, 2001, 16: 149-157.

[163] Pueyo M, Lopex-Sanchez J F, Rauret G. Assessment of $CaCl_2$, $NaNO_3$ and NH_4NO_3 Extraction Procedures for the Study of Cd, Cu, Pb and Zn Extractability in Conta minated Soils[J]. Analytica Chimica Acta, 2004, 504: 217-226.

[164] Ramos L, et al. Sequential frectionation of copper, cadmium and zinc in soils from or near Donana National Park[J]. Journal of Environmental Quality, 1994, 23:50-57.

[165] Reeves R D, Brooks R R. Hyperaccumulation of lead and zinc by two metalphytes from a mine area in Central Europe[J]. Environmental Pollution (Series A), 1983, 31(3): 277-287.

[166] Salt D E, Prince R C, et al. Mechanisms of cadmium mobility and accumulation in India mustard [J]. Plant Physiology, 1995, 109:1427-1433.

[167] Selim H M, Buchter B, Hinz C, et al. Modeling the transport and retention of Cadmium in soils:multireaction and multicomponent approaches[J]. Soil Science Society of American Journal. 1992, 56: 1004-1015.

[168] Schindler P W, Liechti P, Westall J C. Adsorption of copper, cadmium and lead from aqueous solution to the kaolinite water interface [J]. Netherlands Journal of Agricultural Science, 1987, 35:219-230.

[169] Sharma A K, Srivastava P C. Effect of V AM and zinc application on dry matter and zinc uptake of greengram (Influence of soil moisture fegime on VA-mycrorrhiza L. wilczek)[J]. Biology and Fertility of Soils, 1991, 11(1):52-56.

[170] Shuman L M, et al. Screening wheat and sorghum cultivars for Aluminum sensitivity at low Alu minum levels[J]. Journal of Plant Nutrition, 1993, 16(12):2383-2395.

[171] Saúl Vázquez, Peter Goldsbrough. Assessing the relative contributions of phytochelatins and the cell wall to cadmium resistance in white lupin[J]. Physiologia Plantarum, 2006, 128:487-495.

[172] Shin-ichi NAKAMURA, et al., Effect of cadmium on the chemical composition of xylem exudate from oilseed rape plants (Brassica napus L.)[J]. Soil Science and Plant Nutrition, 2008, 54: 118-127.

[173] Thomas R A P, Beswick A J, Basnakova Q, et al. Growth of naturally occurring microbial isolates in metal-citrate medium and bioremediation of metal-citrate wastes[J]. Journal of Chemical Technology & Biotechnology, 2000, 75: 187-195.

[174] Tessier A, Campbell P G C, Bisson M. Sequential Extraction Proceduce for the Speciation of Particulace Trace Metals[J]. Analytical Chemistry, 1979, 51(7): 844-851.

[175] Sébastien Roy, et al. Phytoremediation of heavy metal and PAH-conta minated brownfield sites [J]. Plant and Soil, 2005, 272: 277-290.

［176］Valtcho D, et al. Effects of Cd, Pb, and Cu on growth and essential oil contents in dill, pepper mint, and basil［J］. Environmental and Experimental Botany, 2006, 58: 9-16.

［177］Wollum A G. Immobilization of cadmium by soil microoganisms［J］. Environmental and Health Prospective, 1973, 4: 105.

［178］Yadav R, Goyal B, Sharma R, et al. Post-irrigation impact of domestic sewage effluent on composition of soils, crops and groundwater-A case study［J］. Environment International, 2002, 28:481-486.

［179］Youssef R A, El-fattah A A, Hilal M H. Studies on the movement on Ni in wheat rhizosphere using rhizobox technique［J］. Egyptian Journal of Soil Science, 1997,37:175-187.

［180］Zasoski R J, Burau R G. Sorption and sorptive interaction of cadmium and zinc on hydrous manganese oxide［J］. Soil Science Society of American Journal, 1988(2):81-87.

［181］Zipper C, Komarneni S, Baker D E. Specific cadmium sorption in relation to the crystal chemistry of clay a minerals［J］. Soil Science Society of American Journal, 1988, 52:49-53.

［182］Zuzana Fischerová, Pavel Tlustoš. A comparison of phytoremediation capability of selected plant species for given trace elements［J］. Environmental Pollution, 2006, 144: 93-100.

［183］Dongmei Qiao, Hongfei Lu, Xiaoxian Zhang. Change in phytoextraction of Cd by rapeseed (Brassica napus L.) with application rate of organic acids and the impact of Cd migration from bulk soil to the rhizosphere ［J］. Environmental Pollution, 2020, 267: 115452.

［184］乔冬梅,庞鸿宾,齐学斌,等. 黑麦草分泌有机酸的生物特性对铅污染修复的影响［J］. 农业工程学报,2011,27 (12): 195-199.

［185］乔冬梅,赵志娟,樊向阳,等. 黑麦草植株-土壤环境因子对铅污染的响应研究［J］. 灌溉排水学报,2015,34(1):44-47.

［186］陆红飞,乔冬梅,齐学斌,等.外源有机酸对土壤 pH 值、酶活性和 Cd 迁移转化的影响［J］.农业环境科学学报,2020, 39 (3): 542-553.

［187］Hongfei Lu, Dongmei Qiao, Yang Han. Low Molecular Weight Organic Acids Increase Cd Accumulation in Sunflowers through Increasing Cd Bioavailability and Reducing Cd Toxicity to Plants［J］. Minerals, 2021, 11, 243: 1-19.

［188］Hongfei Lu, Yuru Huang, Dongmei Qiao. Examination of Cd Accumulation Within Sunflowers Enhanced by Low Molecular Weight Organic Acids in Alkaline Soil Utilizing an Improved Freundlich Model ［J］. Journal of Soil Science and Plant Nutrition,2021,21:2626-2641.

附录　部分试验照片

水培条件下加有机酸处理黑麦草苗期

水培条件下不同浓度重金属Pb²⁺作用黑麦草对比

土培条件下加有机酸处理黑麦草生长中期

模拟日光温室